DEDICATED
The Case for Commitment in an Age of Infinite Browsing

选择困难时代

处在选择空前自由的时代，为何我们仍然不幸福？

Pete Davis

[美]皮特·戴维斯 —— 著
张晖 —— 译

民主与建设出版社
·北京·

谨以此书献给我人生中最早遇到的两位长期英雄：玛丽·克莱尔·古宾斯（Mary Clare Gubbins）和谢尔顿·戴维斯（Shelton Davis）

不是非凡的举动,而是关于存在的证据。
不是奇异的感觉,而是始终在匀速前进。
成就。平凡的忠诚。但是,充满新鲜感。
不是浪子,亦非浮士德,而是珀涅罗珀①。
他的脚步依然坚定,他的方向始终清晰。
高台慢慢显出雏形,城池渐渐显出威严。
砌下最后一块砖石,在高塔上睥睨人间。
没有惊喜,只有深刻的理解和坚贞不渝。
不是狂欢月,也没有非常之时非常之事。
只是一天又一天,脚步坚定,方向清晰。
美,是日常的卓越,是时间累积的成就。

——《叛逆不是勇敢》(*The Abnormal Is Not Courage*)
杰克·吉尔伯特(Jack Gilbert)

---

① 珀涅罗珀(Penelope),是奥德修斯忠贞的妻子,出自荷马史诗《奥德赛》。其在丈夫远征特洛亚失踪后,拒绝了所有求婚者,一直等待丈夫归来,忠贞不渝。——译者注

目 录
contents

第一部分　　无限浏览模式

第一章　两种选择文化　　3

　　无限浏览模式　　3
　　承诺：反主流文化　　5
　　冲　突　　10
　　解决冲突　　14
　　一些警告　　15
　　风　险　　18
　　一心一意　　21

第二章　无限浏览模式的快乐　　25

　　灵活性　　27
　　真实感　　29
　　新鲜感　　32

第三章　无限浏览模式的痛苦　35

　　选择失能　35

　　失　范　39

　　肤　浅　45

第四章　在自由与投入之间进退两难　51

　　进退两难　53

　　流动的现代性　57

　　莫回头，别滞留　62

第二部分　承诺：反主流文化

第五章　长期奉献的英雄主义　67

　　好莱坞的屠龙故事　70

　　真正的屠龙勇士　72

　　历史上的长期英雄　74

第六章　全情投入：反主流文化者的辨识度　81

　　公　民　88

　　爱国者　93

　　建设者　102

　　管理员　103

　　　　工　匠　　108
　　　　伙　伴　　110

第七章　后悔的恐惧和目标的自由　　117
　　　　降低赌注　　118
　　　　选择并行动　　119
　　　　承诺的动能　　126
　　　　转　变　　133
　　　　使　命　　135

第八章　关系的恐惧和友情的慰藉　　141
　　　　身份、声誉和控制感　　141
　　　　对自我的两种观点　　144
　　　　身份和内在的自我　　145
　　　　声誉和嵌入的自我　　149
　　　　控制和嵌入的自我　　151
　　　　关系和改变　　157
　　　　团结一致　　161

第九章　错过的恐惧和深耕的快乐　　167
　　　　新鲜感和目标　　167
　　　　深入是一种超能力　　170
　　　　原子般的承诺　　177

应对威胁　　180

让平凡变得卓越　　184

时　间　　189

第三部分　在流动的世界做个坚定的人

第十章　开放选择经济学：金钱与特定事物　　193

金钱的胜利　　194

太大而无法承诺　　200

责任与社群　　206

第十一章　开放选择的道德：冷漠与荣耀　　209

从道德到中立　　211

从荣耀到冷漠　　215

导师和先知　　220

第十二章　开放选择的教育：进步与依恋　　225

依恋体系　　227

专注于个人提升的教育体系　　230

野心家和专业人士　　235

第十三章　洪水与森林　　243

抛　弃　　244

身份危机　　248

　　出　路　　252

　　解决冲突　　255

　　重新造林　　259

第十四章　让生命的空地花团锦簇　　263

　　园　艺　　265

　　生命中的空地　　267

参考人物及作品　　271

致　谢　　277

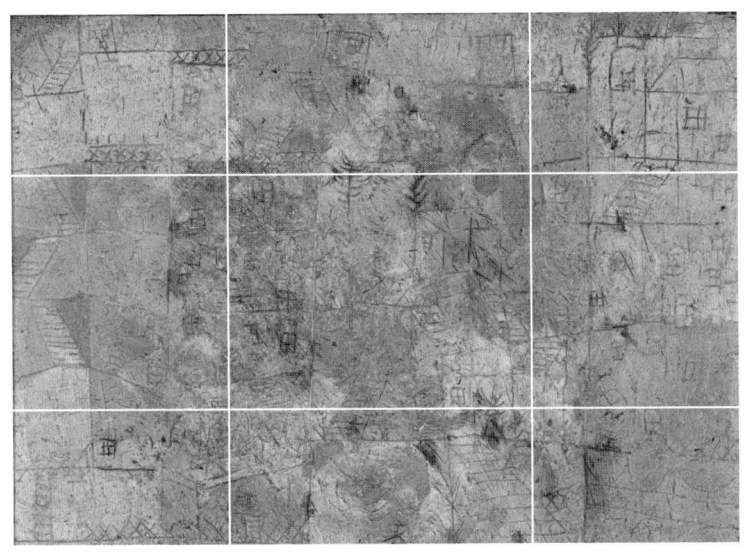

第一部分
无限浏览模式

第一章　两种选择文化

无限浏览模式

你也许有过这样的经验。深夜，你躺在床上，想找个电影看看，于是点开了网飞（Netflix）。你把每个分类都浏览了一遍，看了两个片花，甚至读了一些影评，但还是没能决定看哪部电影。此时已经过去了半个小时，你还是在浏览状态。你现在已经哈欠连连，没了看电影的心情。你决定不看了，停下这种浪费时间的行为，直接睡觉了。

我认为这是我们这代人的一个典型特征：保持开放选择。

对于这一现象，波兰哲学家齐格蒙特·鲍曼（Zygmunt Bauman）创造了一个很贴切的表达：流动的现代性。鲍曼解释说，我们从来不想将自己与任何一个身份、地点或社群绑定在一起，所以我们的状态就像液体一样，能适应任何可能的未来。不仅是我们自己，我们周围的世界也仿佛是液态的。工作、社会角色、理想、事业、团队和机构，都不能成为我们长久的依靠，而它们同样不能指望我们保持忠诚。这就是流动的现代性，一种对生命中的一切，永远在浏览的模式。

对于很多人来说，离开家走入社会，就像走进了一条长长的走廊。我们走出儿时的家门，进入这个世界，有数百扇不同的门可供选择。我能看到大量新选择给人们带来的好处。比如，你会看到在发现了一个与真我完全契合的"房间"时，一个人有多么快乐。我能看到更多的选择让人们做出重大决定时不再那样艰难，因为你随时可以退出、随时可以搬家、随时可以分手——随时退回到走廊，重新选择另一扇门。我看到最多的是我的朋友们兴致勃勃地打开一扇又一扇门，体验着过去任何一代人都没有体验过的新鲜感。

随着时间的推移，我开始认识到有太多门可供选择并不是只有好处。没有人愿意被困在一扇门后面，但也没有人愿意始终在走廊里游荡。当你对一件事失去了兴趣，能有新的选择真的很棒。但我逐渐意识到，我尝试过的选项越多，给定的选项就越难让我感到满足。

最近，我不再渴望那些稍纵即逝的新鲜感，而是希望与一些认识很久的朋友共进晚餐，度过一个完美的周二夜晚。这些朋友是那些你真心以待的朋友，他们也不会因为遇见更好的人而抛弃你。

承诺：反主流文化

随着年龄的增长，那些点击退出了无限浏览模式的人给了我越来越多的启发。他们会选择一个房间，离开走廊，关上门，安顿下来。

他们中有电视界的先驱弗雷德·罗杰斯（Fred Rogers），他致力于制作一档更加人性化的儿童电视节目，于是他录制了长达 895 集的《罗杰斯先生的邻居》（*Mister Rogers' Neighborhood*）；有天主教劳工组织的创始人多萝西·戴（Dorothy Day），她每晚都陪着那些社会弃儿，因为她认为全心全意去帮助他们是件很重要的事；有马丁·路德·金（Martin Luther King Jr.），不仅是 1963 年面对高压水枪的马丁·路德·金，还是 1967 年主持了第一千次单调无味的计划会议的马丁·路德·金。

伴随着我对这种新型英雄的崇拜，我开始欣赏童年时代遇到的一些人，而不再欣赏青年时代崇拜的那些人。那些"很酷的老师"在我的记忆中渐渐淡去，我甚至已经记不起他们的名字，但那些柔和而坚定的老师却一直留在我的脑海中。

其中有我高中时期的舞台技术兼机器人技术指导巴鲁先生，他是一个令人生畏的人，但他让学生们建立了对一个不合时宜的修补匠和未来工程师的狂热崇拜。半个校园似乎都是他的半成品项目、不同年代的设备和身穿黑色 T 恤的忠诚的学生助手。学校里的大多数人，包括我在内，都有点怕他。因为我们害怕会妨碍到他或者弄坏什么东西。但这是他教育方法中的关键。如果你能够克服恐惧与他交流，他将会把自己所知的几十种技能倾囊相授。

有一次，我和我的朋友为学校的大型晚会制作了一个搞笑视频。他看了之后说我"完全没有结构意识"，并且这个视频还不够好，不适合展示给大家。相比之下，其他老师只要学生做出一些东西就会感到很高兴。对我制作的视频，他们总是赞不绝口。但是，巴鲁先生不一样。他坚持认为，如果你要学习一门技能，你就应该去打磨它。我记得我曾抱怨过他对我有点苛刻。

但是巴鲁先生并不是只会打消学生的积极性，他也乐于鼓励学生。有一次，我萌生了在学校的小院子建一个演唱会场地的想法。每个老师都认为这个想法很荒谬，他们都问我："你到底在说什么？"但当我把这个想法告诉巴鲁先生时，他却一点也不吃惊。他告诉我，如果我能学会工程软件AutoCAD并设计出蓝图，他会帮我向学校建议。这是一个真正的老师——对你要求很高，但如果你愿意去学习，他就会努力帮助你。

我上过盖特利夫人（Mrs. Gatley）的钢琴课。在她家位于橡树街的起居室里，她坐在同一把椅子上，紧挨着同一架三角钢琴，整整教了40年。当时，我的朋友们只有在想学一首歌曲时（瓦妮莎·卡顿的《一千英里》和酷玩乐队的《时钟》等），才会去上音乐课，大概一两年一次。盖特利夫人是守旧派，她的学生不仅必须要学习音阶，还必须学习演奏古典音乐。跟随盖特利夫人学习，你会获得远远超出钢琴世界和超出个人世界的沉浸式体验。

仅仅每周来上课是不行的，你必须和她所有的其他学生一起遵守一整套盖特利日程表。有秋季独奏会和圣诞音乐会，小奏鸣曲节和六月独奏会，并且在每次活动之前都会有一次集训，所有学生一起为活动做准备。学生必须学习钢琴的历史，巴洛克时期和浪漫主义时期的区别，以及演奏结束后正确的鞠躬方式。

你也没有机会放弃。在中学时，我有一次问盖特利夫人是否可以休学一年。她回答说："我想是可以的。可是用不了一年时间，你就可以完成课程了。"

最终，我在"盖特利宇宙"度过了12年。在盖特利夫人的客厅里，我学到的不仅仅是钢琴演奏技术。通过观察一些比我大的学生演奏我认为自己无法演奏的歌曲，我也学会了如何演奏它们。因为跟随盖特利夫人学习了很多年，所以比起其他老师，她给出的建议见解更深刻，也更有权威，比如她曾经告诉我："你在生活中走得有点快，如果慢下来，你可能会感觉更好。"通过这些年的音乐会，盖特利夫人认识了我的父亲。当他去世时，盖特利夫人参加了葬礼，这对我来说有着非凡的意义。从一个在第一次上课时就让你学习演奏《一千英里》、你第一次感到厌烦时就让你放弃的老师那里，你不可能获得这些。

我列出了像盖特利夫人和巴鲁先生这样的人，以及像多萝西·戴、弗雷德·罗杰斯和马丁·路德·金这样的偶像,并不是随意的。我从他们身上看到了一种反主流的文化,一种承诺的文化。他们的行为意义深远,都把精力投入某一桩事物上——某个地方或某个人群、某项事业或某项技能,以及某个机构或某个人。

我之所以用"反主流文化"这个词,是因为他们的行为方式不是当今影响我们行为的主流文化。在当今主流文化的推动下,我们更加推崇那些通用性的抽象技能,而不是那些只能帮助你把一件事做好的专项技能。这种文化告诉我们不要对任何事物投入太多感情,最好的状态是保持距离,以防它们被出清、买断、萎缩,或变得"更有效率"。它还告诉我们对任何事都不要过于坚持,并且如果别人轻易放弃了什么,也不要觉得吃惊。最重要的是,这种文化告诉我们要对新的选择保持开放。

我在本章中谈到的这些人,都是逆行者。他们的生活方式与主流文化格格不入。

他们是公民——他们感到自己对社会负有责任。

他们是爱国者——他们热爱他们生活的土地和土地上的乡邻。

他们是建设者——他们长期奋斗,将理想变成了现实。

他们是大管家——他们监督政府机构,关爱社区。

他们是匠人——他们为自己的技艺而自豪。

他们还是陪伴者——他们会在其他人身上花时间。

他们会与某一件事建立关系。通过在这一件事上长期努力，通过关上门，放弃其他选择，展现他们对这一件事的热爱。

当好莱坞电影讲述关于勇气的故事时，常会采用"勇士屠龙"的模式：有一个坏人，还有一位勇敢的骑士在一个危急时刻，下定决心，只身犯险，去为人民争取胜利。他们可能是站在敌军坦克前的战士、向山顶发起冲锋的军队，也可能是在恰当时间发表了完美讲话的政治候选人。

但那些长期英雄让我认识到，世界上不只有"屠龙勇士"一种英雄。这种英雄主义甚至不是我们最应该去效仿的，因为大部分人一生中并没有机会去面对一个戏剧化的危急时刻（至少不会是那种突如其来的危急时刻）。我们中大多数人只需要应对日常生活：只是在一个又一个平常的早晨，决定开始做一件新的事还是继续做之前的事。生活呈现在我们眼前的不是一个又一个需要勇气去面对的重大时刻，而是一系列平凡而微小的瞬间，等待我们自己去赋予其意义。

这些体现了反主流的承诺文化的长期英雄，通过一天天一年年的持续努力，让自己成为引人注目的人物。拦在他们前行之路上的恶龙，是那些影响他们长期投入的日常性的无聊、烦扰和不确定性。在他们的重大时刻，他们不是挥舞着宝剑在战斗，而是挥舞着锄头在劳作。

冲　突

本书的主要内容是保持开放选择的文化与反主流的承诺文化之间的冲突。是在走廊里游荡，还是在一个房间里安顿下来？是保持开放选择还是成为长期英雄？这些冲突既存在于我们自己的内心，也存在于整个社会。

在你我身边，都能发现始终处在"浏览"状态的年轻人。从一个伴侣到下一个，我们很难投入一段关系中。为寻找更好的生活，我们经常将自己连根拔起，从一个地方搬到另一个地方。一些人不愿意投入到一个职业中去，是因为害怕深陷其中之后才发现它不适合真实的自我。另外一些人则因为经济形势不得不时常更换工作。我们中的很多人，会同时受到这两种因素的影响。

宗教组织、政党、政府、公司、媒体、医疗和法律系统、国家、意识形态等，都无法得到我们的信任。可以说，我们不信任任何大型机构，也不愿意公开表达与任何一个机构的关系。与此同时，我们的传播媒介，比如书籍、新闻、娱乐节目，都变得越来越短。这不仅因为我们的注意力持续时间变短了，还因为我们愿意连续投入的时间越来越短了。

看看真正受到我们喜爱的人和事，无论是我们崇敬的、尊重的，还是我们能够记住的，很少是对选择保持开放的。那些能够践行承诺的人，才能得到我们的喜爱。比如我们在自己的生活中会不断更换伴侣，但当从网络上看到一对老夫妇庆祝结婚 70 周年纪念日的故事时,我们却会欣羡不已。

我们在自己的生活中会经常搬家,但我们宁可排队也会去光顾那些开了 50 年的有名的街角比萨店和传奇餐厅。我们自己喜欢发布简短的推文和视频,但我们也会去听时长 3 小时的访谈、追看长达 8 季的奇幻剧、阅读长篇文章(比如关于全面解读集装箱运输或鸟类迁徙方式的文章)。

随便找十来个年轻的"浏览者",问他们最珍贵的记忆是什么,一定会有人提到夏令营。这是一种与"承诺"相关的反主流的文化:营地是一个固定的社区,传承了几十年,总是重复着同样的歌曲和传统,营员和辅导员之间也是代代相传的。甚至参加夏令营的前提条件都是与"保持开放选择"的理念相反的,你要保证能在这个地方和同样的一群人待上几个星期,并且通常不能带手机。

在体育运动中,能被人们记起的不是那些一闪而过的时刻,而是那些史诗般的职业生涯和优秀团队。比如,迈克尔·乔丹时期的公牛队,汤姆·布雷迪时期的爱国者队,获得 28 枚奥运奖牌的迈克尔·菲尔普斯。为什么塞雷娜·威廉姆斯和泰格·伍兹会是 21 世纪最受关注的运动员?原因就在于没有什么比看着一个人成长,并在一项运动中持续数十年保持全球领先更激动人心的事了。

随着我们周围的一切都在消解,我们想要抓住一些比 [借用保罗·西蒙(Paul Simon)的歌词] 充满数字时代的"断断续续的电子信号"更持久、更有意义、更深沉的东西。我们把自己的生活置于更宏大的历史叙事中的愿望，催生了个人 DNA 试剂盒热和族谱热，从中我们可以看到这一点。在影响更广的文化怀旧热潮中，我们也可以看到这一点，翻唱 90 年代歌曲的乐队、黑胶唱片、旧打字机、宝丽来相机、复古的公司标志和球衣，以及《广告狂人》(*Mad Men*)、《怪奇物语》(*Stranger Things*)等复古小说，在过去 10 年中都曾再次翻红。对此，词曲作家乔·帕格（Joe Pug）反问道："你可以说那些怀恋过去的人是过时的，但你能因为他们想要一些更恒久的东西而责怪他们吗？"

即使是最甜蜜和最亲密的时候，我们也会在人际关系中感受到这种矛盾。我们想要到外面的世界去冒险，但在内心深处，我们中的许多人也梦想着和我们最好的朋友住在同一个社区。尽管无数的婚姻破裂了，尽管人们更喜欢新奇而不是深度，更喜欢个性而不是集体，更喜欢灵活而不是计划，我们的文化仍然认为婚姻和为人父母是神圣的，是濒临灭绝的共同承诺的最后孑余。

这种矛盾是有道理的。当一些东西即将消失的时候，你就会开始怀念它，然后将硕果仅存的标本珍而重之。在唐·德里洛（Don DeLillo's）的《白噪音》(*White Noise*)结尾处，修女告诉不愿受到承诺约束的杰克·格莱德尼（Jack Gladney）："随着信仰远离这个世界，人们发现比以往任何时候都更需要有人去相信。""洞穴里的野人，一身黑衣的修女，沉默的僧侣。

他们只能相信我们了,傻孩子,那些已经放弃信仰的人不得不继续相信我们。"历史学家马库斯·李·汉森(Marcus Lee Hansen)在他的《第三代利益原则》("Principle of Third-Generation Interest")一文中表达了相似的主题:"儿子希望忘记的东西,孙子希望记住。"但是,尽管我们对这个时代的承诺者充满了爱和感激,许多人仍然很难下定决心去成为这样的承诺者。这是圣奥古斯丁(St. Augustine)的名言"我想做出承诺,但不是现在"的当代版本。

是什么导致了这种犹疑?我们为什么喜欢承诺者却像浏览者一样行事?我认为这是因为三种恐惧。第一,我们害怕后悔:我们担心,如果我们对某一件事做出了承诺,未来会后悔没有做别的事。第二,我们害怕产生联系:我们认为如果我们做出了承诺,这一承诺会对我们的身份、声誉和控制感带来影响。第三,我们害怕错过:我们觉得如果我们对某件事做出了承诺,随之而来的责任将让我们错过所有做其他事、去其他地方或成为另一个人的机会。

由于这些恐惧,冲突会一直存在。我们像浏览者一样行事,但我们喜欢承诺者,可由于我们对"纵身一跃"太过恐惧,所以我们深陷冲突之中。这种在个人和集体两个层面间的冲突,正是本书的出发点。

解决冲突

但这本书不仅给出了一个诊断结果,还包含一个积极的治疗计划。这一计划旨在帮助我们以一种"正确"的方式解决浏览和承诺之间的冲突。我之所以用"正确"这个词,是因为有些有影响力的人试图通过拒绝或压迫解决这种冲突。有人告诉我们,想摆脱这种冲突,就要把时光倒转,回到一个被迫承诺的时代。他们说:"只要我们回到那个美好的时代,一个成为什么样的人和做什么样的事都没有那么多选择的时代,我们就会重新获得良好的感觉。"还有一些人,他们没有把过去理想化,而是编织了一个理想化的未来,一个所有的不确定性都得到了解决的未来,并且在必要时可以使用强制手段。用过于深重的意义对抗一个毫无意义的世界,这就是我们从形形色色的邪教狂热信徒身上看到的。

对于那些想让时光倒流回一个虚幻的伊甸园的人或加速实现乌托邦理想的人,大部分人都不会相信。但对于这些颇为动人的想法,我们也很难提出一个具有建设性的替代方案。在等待这样一个方案自己出现时,我们只能保持现状——保持无限浏览模式、在走廊里游荡,保持开放选择。

但这种保持开放选择的文化并不是一种无害的停滞模式。这种文化让我们的经济背离了对特定事物的忠诚,比如特定的社区、特定的人群、特定的使命等。这种文化让道德冷漠替代了引导人们弃恶从善的道德荣誉感。这种文化教育人们追求个人进步，如更好的履历和升职等，而不是长期坚持练习一门技艺、完成一项事业或投身于一个团队。

这种文化是不可持续的。它导致了人们轻易放弃社区、居住地、机构和正在进行的改革努力，并为不诚信的人留下了操作空间。无论是个人还是集体，如果太长时间不做出选择，就会陷入困境。

本书对被迫承诺和保持开放选择文化提出了一个建设性的替代方案。这是一个简单直白的方案：自愿承诺。根据这一方案，我们选择将自己奉献给特定的事业和行业、地点和社区、职业和人。这并不是要我们完全融入它们，而是要与它们建立忠诚的关系。这并不是要消除所有的不确定性，而是愿意减少我们的怀疑，让我们的承诺坚持得更久一些，更有黏性一些，对我们的约束更强一些。这并不是为摆脱当下世界的流动性而变成一个僵化的人，而是通过成为一个更坚定的人来改变我们的世界。

一些警告

在继续往下写之前，我想先强调一些注意事项。对于一些人来说，现在给出的信息可能已经足以引起共鸣。但有些人可能会对一个人用如此笼统的名词形容我们这个时代的巨大冲突持怀疑态度。我尊重这些怀疑，因为用这样的方式讨论一个话题有四大风险。

第一个风险是过于宽泛。没有人能完全理解一种文化，而试图这样做的人表达出来的东西，也不适用于每个人。对此，我只能说这是我个人在确认并试图阐明我发现的一种模式。我认为，这种模式对我很有启发。它给了我一个放大镜，能帮助我更好地了解自己和同龄人。我并没有明确的科学证据，并且如果你没有与我类似的经历，任何精心挑选的数据都不会让你与这种模式产生共鸣。

提出这种观点的第二个风险是我说的东西太模糊了，以至于它不可能是错的。这与第一个风险是相反的——没有了出错的风险，但风险在于说的所有话都对，却没有任何深刻见解。毕竟，谁不喜欢承诺呢？我希望通过阐述这一现象错综复杂的细节避免这一问题，包括无限浏览模式的快乐和痛苦、保持开放选择文化的发展史、构成我们对承诺的恐惧的组成部分等，以及最重要的——长期承诺的回报。

第三个风险是只与一部分人交流而不是与所有人交流的风险。在我看来，这一点是最重要的。世界各地都有这样的人，在我们身边也有这样的人，他们没有保持开放选择的条件。有些人拼了命才能在生活中争取到多一种选择。有些人从来没有得到过爱，从来没有拥有过一个叫作"家"的地方，或者从来没有得到过一份稳定的工作。风险在于有人可能在读到这篇文章后会想：选择太多？这是多好的一件事儿啊！

这是一个很严重的风险。我只能代表自己，而在我的生命中，我被赋予了许多选择。我个人狭窄的视角必然会对这本书产生深刻影响。但我采取了一些措施降低这种风险。首先，我尽量让"年轻人"这个词不只是代表富有的城市白人青年。在写作本书的过程中，我努力引入其他声音拓宽我的视野，采访了 50 多位背景各不相同的长期英雄。

但我认为，在无限浏览模式下挣扎不仅仅是一种特权造成的困境。如今，每个人都面临着选项过多的问题。即使你从没有为去哪里工作或上哪所学校而纠结，那么你也会为去爱谁、去哪里和相信什么而纠结。我有几个朋友曾在州监狱待过。在监狱里，一个人没有什么自主选择的机会，但他们在里面仍然会纠结于自己想成为什么样的人：他们应该去参加哪个礼拜仪式，应该接受什么样的人生哲学，应该怎样利用自己的时间？这本书对他们也适用。

关于这一风险的另一个注意事项是，如果你关心持续推进给予人们更多选择，并将人们从更多的被迫承诺中解放出来的斗争，那么你也需要关心承诺。我们之所以能像今天这样自由，正是因为有做出了承诺的公民、爱国者、建设者、管家、工匠和伙伴。只有足够多的一心一意的人持续站出来，今天仍在进行的每一场争取正义的斗争才能被持续向前推进。

最后一个风险是，我有什么资格谈论这一话题？我得澄清一点，我自己离成为一个长期英雄还差得远。像其他当代年轻人一样，我也很难做出承诺。但我是一个承诺的超级粉丝。在过去的几年里，我一直在收集承诺者的案例和故事、秘诀和技巧、反思和经验法则。我的一位诗人朋友告诉我，有一年夏天，他每天花一点时间观察一片苔藓，直到真正读懂了它，才允许自己写了一首关于它的诗。我想这就是我在写作这本书时想要做到的：长久地关注承诺，直到我理解了它，然后才开始写下我学到的东西。

风　险

我写这本书是因为我相信对于能否解决这一冲突而言，让更多的人退出无限浏览模式，加入反主流的承诺文化中来，至关重要。选择无限浏览模式风险很大。从个人层面讲，这是因为始终处在浏览模式会导致巨大的绝望，而一心一意会带来巨大的喜悦。从社会层面讲，也有很高的风险。当今世界，有太多重大问题需要解决，有太多体制需要改革，有太多机构需要重建，有太多漏洞需要修复。我认为，解决这些挑战的最大障碍就是没有足够的人投身其中：没有足够多的公民去长期坚定不移地奋斗，没有足够多的爱国者去游行和呼吁，没有足够多的建设者去创造，没有足够多的"社区管家"去参与，没有足够多的工匠去改良，没有足够多的热心人去给予陪伴。承诺是改变世界的第一步，我们对承诺的恐惧阻碍了我们的行动。

为什么承诺是改变的必要条件？那是因为变化不会很快发

生，总是来得很慢。所有重大的成就都需要时间才能实现，没有捷径。教育一个学生、推进一项事业、弥合分歧、纠正不公、振兴一个城镇、解决一个难题、启动一个新项目，都需要时间。如果变化能够很快发生，我们就不需要承诺，仅凭最初的冲动或愤怒就足够了。但是，当改变需要时间的时候，我们就需要更多的东西。这些东西能让我们克服无聊、分心、疲惫和不确定性，得以坚持长期努力。

承诺对于改变是必要的，还因为做出改变与制订和执行作战计划不同，更像是培养和维持一种关系。它不是呆板的，而是一个自然演进的过程；它不是精心安排的，而是即兴的。因为人类和人类机构都太过复杂和多变，所以在改变过程中，我们无法做到"万无一失""规模化"或"自动化"。我们改变机构、社区和人的唯一方法是与他们建立关系。这需要我们能够觉察他们之间的细微差别，建立融洽的关系，以足够的信任和沟通灵活地应对意想不到的情况。这就是为什么最好的老师并不是那些掌握了课本知识的人，而是那些与学生建立了深厚感情的人；这也是为什么最好的市长不是最聪明的人，而是对他的城市最忠诚的人。

在马丁·路德·金的最后一本书中，他反思道："进步的道路从来不是笔直的。在一段时间内可以沿着一条直线前进，但遇到障碍就需要拐弯。这就像你前往一座城市，先要绕过一座山。你经常会觉得自己在倒退，也看不到自己的目标，但实际上你仍在前进，很快你就会再次看到城市，现在它离你更近了。"

事实上，在一场成功的运动中，始终如一的不是战斗计划，而是对愿景和价值观的忠诚。社会学家丹尼尔·贝尔（Daniel Bell）对信任也有类似的见解。他写道："工具可以设计，程序也可以设计……但是信任有一种自然的特性，它不能通过命令产生。一旦信任遭到破坏，需要很长时间才能重新建立，因为信任的基石是过去的经历。"我要再次强调，改变需要的不仅仅是聪明的工程师，还需要一心一意的园丁。

《洋葱》（Onion）曾经刊载过一篇专栏文章，标题是《每个问题都需要一些人做些什么》（"Somebody Should Do Something About All the Problems"）。我写这本书是因为除了我们自己，没有其他的"一些人"。如果我们自己不能成为一个更加一心一意的人，如果我们不能掌握培养关系这一"慢技能"，那么问题还是会不断增加。我们常常认为毁灭我们文明的将会是那些迫在眉睫的严重威胁，比如外族入侵者或是国内善于蛊惑人心的政客。但是，如果我们真的灭亡了，那么原因很可能远没有那么戏剧性，可能只是因为我们没能坚持把培养关系这项工作做好。我们不应该只因为炸弹或霸权而夜不能寐，更应该关注无人开垦的花园、不受欢迎的新人、无家可归的邻居、无人理会的陌生人、无人回应的公众诉求和长期积累并随时可能爆发的灾祸。但是我们不需要害怕，因为我们有能力执行缓慢但必要的工作，将愿景转化为项目，将价值观转化为实践，将陌生人转化为邻居，但前提是我们要做出承诺。

一心一意

承诺能够给个人带来快乐，给人类社会带来繁荣，这似乎已经足够了。但据我观察，承诺还有更大的作用，那就是有助于我们更加平和地生活。

这是一个不确定的年代。我们不知道该相信什么，该相信谁，甚至不知道明年会发生什么。我们不知道什么值得投入时间，什么是有意义的，什么又是海市蜃楼。有些人对这种不确定性的反应是寻找绝对真理作为依仗，但对今天的许多年轻人（包括我自己在内）来说，这种宗教激进主义并不适合我们。我们并不否认绝对真理的存在。但即使绝对真理真的存在，我们也只能像柯林斯书里写的那样，"透过玻璃模糊地看到它"。这种不确定性是我们难以做出承诺的部分原因。既然什么都不能确定，我们可能会认为在走廊上反而更安全——不选房间总比选错房间好。

但深刻的承诺可能是虚无主义和宗教激进主义之间的一条中间道路。做出承诺，就相当于获得了一部分的确定性，即愿意长期努力去做一件事，做些成绩出来，然后再看看会发生什么。与死板的宗教激进主义不同，承诺是让信仰在我们内心自然地成长。随着我们自身承诺的加深，我们慢慢会对真善美形成更清晰的理解。怀疑是在所难免的。但古老的灵歌《我不会被动摇》("I Shall Not Be Moved")，讲的毕竟不是一根插在地里的木桩，而是一棵"种在水边的树"。

让我们感到人生无常的不仅仅是不确定性，还有死亡。人生时间有限，这是一个令人沮丧的事实。对我们中的很多人来说，这是选择无限浏览模式的背后主因。恐惧驱使着一些人去尝试无尽的新奇事物，因为他们想在狂欢节结束前把每一款游戏都玩一遍。对另一些人来说，恐惧使他们失去了思考的能力，变得更加优柔寡断。诗人玛丽·奥利弗（Mary Oliver）曾经这样问道："告诉我，你打算如何度过你无法控制而又宝贵的一生？"我想她的本意是给人们鼓励，但对于我们中的一些人，会有一个问题始终萦绕在脑海中：如果计划出错了怎么办？

但我从那些长期英雄身上了解到：一旦我们开始行动，这些恐惧就会消失（至少会减轻一些）。"奉献"（dedicated）[①]这个词有两层含义，我都很喜欢。首先，它的意思是"奉献"，意味着某件事是神圣的（如"献上一个纪念物"）。其次，它也意味着长时间坚持做某事（比如"她把自己奉献给了这个项目"）。我不认为这是一个巧合，当我们选择做出承诺时，我们就是在做一件神圣的事。

承诺的核心，实际上是我们对时间的控制。死亡控制着我们生命的长度，但是我们可以控制生命的深度。承诺就是面对有限的长度，选择追求无限的深度。

一心一意的人并不否认不确定性或死亡，但他们能更加坦然

---

① Dedicated 为本书英文原书名。——译者注

地面对它们。通过奉献他们的时间（让时间变得神圣），他们找到了治愈我们共同恐惧的良方。我希望这本书能帮助你成为他们中的一员，逃离流动的现代性，成为反主流的承诺文化的一部分，让自己做一个专心致志的人。从当下做起，从现在开始，退出无限浏览模式，选定一部电影，在睡着之前从头到尾看完它。

第二章　无限浏览模式的快乐

在我给出反对保持开放选择的理由之前，我想先给浏览模式正名。在思考浏览模式的好处时，我想到的是我们十几岁和20岁出头的时候：那是一个我们摆脱了家庭灌输的承诺的自由时段。此时，我们中的许多人都感觉自己逃离了一个锁着的房间，进入了一个长长的走廊，有许多不同的门等待打开。

我感受过这个阶段带来的所有好处。我也看到过人们在这个阶段兴高采烈地不断尝试新的人际关系、职业道路和兴趣爱好。大家都知道，此时每个人都会轻松、冷静地看待问题，当有人想要放弃当下的选择回到走廊时，不会感觉到十分艰难。我看到过我的朋友们在找到了一个更适合真我的社群或身份时的喜悦，比如从小立志学医的孩子发现自己真正想做的是当喜剧演员、东正教妇女找到了空间摆脱家乡社区对于性别角色的限制。最重要的是，我看到了人们在无尽的第一次中感受到的快乐，比如第一杯鸡尾酒、第一支萨尔萨舞、第一次在别人家醒来、第一次酒吧斗殴、第一场午夜恐怖电影、第一次和别人分享自己隐藏许久的秘密等。

我们的文化中充满了发生在这个人生阶段的故事。也许对于浏览模式最早的颂歌来自莎士比亚的《温莎的风流娘儿们》:"你可以随心所欲(The world is your oyster)。"这句话用在刚成年的人身上尤为贴切,因为正是在一个年长的角色拒绝再借钱给他时,皮斯托尔第一次说出了这句话。福斯塔夫说:"我一分钱都不会再借给你。"于是皮斯托尔回答说:"为什么,对于我来说,世界就是一个牡蛎,我将用剑打开它。"当然,还有开启新旅程时的浪漫。这就是约翰·斯坦贝克(John Steinbeck)的《与查理同行》(*Travels with Charley*)、威利·纳尔逊(Willie Nelson)的《再次上路》(*On the Road Again*)和阿方索·卡隆(Alfonso Cuarón)的《你妈妈也一样》(*Y Tu Mamá También*)等电影的共同主旨。(有人用一句话进行了总结:"青少年开始公路旅行,并由此开始了解生活、友谊、爱情和彼此。"以此为主题,有几十部很受欢迎的电影。)

很多人生最美好的回忆,都来自我们四处浏览、尝试新身份、没有做出深刻承诺的时候。这是一段偏离既定路线的梦幻般的夏日罗曼史。可能是一份奇怪的工作,比如送花员、朋克乐队的管理员、古怪家庭的保姆或者是在圣诞老人之家度过的一个月,是在缅因州的龙虾船上工作的一个收获季,或者是你只能回忆起一部分记忆的在哥伦布潜水的那个晚上。无限浏览模式是最高效的故事生成器。

浏览是有趣的。它给了我们成长空间，并且因为不用承担太多风险，所以我们能更放松地做自己，而最有趣的部分是能获得很多很多新的体验。

灵活性

当你不喜欢某个选择时，随时可以退出。灵活性，是浏览的最大乐趣。这意味着每一个决定都不那么重要，因为你可以随时改变想法，继续回到浏览状态。

在我们年轻时，这种轻松的感觉十分珍贵。这种感觉通常来自解脱。到青少年期即将过完的时候，我们中的大多数人已经在一个控制着我们生活大部分内容的系统中待了近20年。无论这个系统有多好，都会给我们带来压力。这就是为什么去一个新地方会是一种巨大的乐趣，因为这里的人不认识你，于是你摆脱了别人对你的成见和期望。

即使是善意的评价和期望也是沉重的。当你周围的人不知道你是谁的时候，你可能会松一口气，因为这时没有人期望你继续做一个随和的人、有趣的人或热心的人。

这就是自驾游的乐趣所在。你可以随心所欲地从一个出口离开，走进酒吧，假扮成任何你想成为的人。当地人不会在乎你是个数学迷还是舞会皇后，是唱诗班男孩还是瘾君子。

"我刚刚结束一段长长的恋情，我想轻松一段时间。"如今，我们在与人第一次约会时，常会听到这样的陈词滥调。对于我们中的许多人来说，这句话就是我们年轻时想让世界知道的："我刚从某种情形中走出来，我已经在这个地方、这个家庭、这个角色上待了很长一段时间，我还不打算投入一个全新的角色中。"这就是为什么在人生这个阶段一个"不愿意保持轻松状态的人"往往会成为麻烦——一个人在大学入学第一天就在大厅里宣布你是他最好的朋友，或者一个人在第一次约会后就开始谈论孩子的名字，都是危险的信号。在《不能承受的生命之轻》(The Unbearable Lightness of Being)一书中，米兰·昆德拉(Milan Kundera)认为是缺乏承诺导致了我们"变得比空气还轻，就会飘起来，就会远离大地和地上的生命，变成一个半虚幻的存在。此时人的运动也会变得自由但毫无意义"。有些人可能会认为这种描述是一种嘲弄，但如果你能够将风险维持在较低水平，保持这种状态一段时间并没有太大危害。这对人是有帮助的，至少是暂时有帮助的。

灵活性不仅仅是一种解脱，它也是探索的先决条件。如果你觉得一切都很沉重，如果你想到一旦我做出了选择就不能放弃，或者如果我去约会就必须结婚，那么你就会告诉自己不要去这样做。毕竟，在刚刚接触这个世界时，我们并不完全了解自己。

我很长时间都认为自己可能找不到伴侣了。在我觉得自己还能找到一个人时，对于自己的另一半，我想出了一套具体要求。但有一年夏天，我的朋友乔恩告诉我，我的想法完全是错的。

他告诉我："你的伴侣不会像一台新电脑一样，有详细的规格。你得把你设定的那些要求都抛掉，让你的心去感受。"

那年回到学校后，我开始试着对爱情放轻松一点。我不再思考它，而是开始感觉它。后来，我的心向一个和我想象中完全不同的人敞开了。如果我在整个过程中不能保持"轻松"，这件事根本不会发生。从自我了解的角度上讲，了解哪些事情不适合我们与了解哪些事情适合我们一样重要。如果没有这种能随时退出的灵活性，就没有探索；而如果没有探索，你就永远没有机会发现真正的自己。

真实感

这种灵活性和随之而来的探索带来的最重要的成果是浏览的第二种乐趣：摆脱那些无法反映真实自我的继承性承诺，从而获得真实感。

天主教神秘主义者托马斯·默顿（Thomas Merton）围绕"虚假自我"的观点写了很多文章。虚假自我，指的是影响着我们的"虚幻的人"。虚假自我是我们错误地认为自己想要成为的那个人，他也许是我们认为最能取悦家人和朋友的人，也许是能让我们在人群中获得认可的人，也许是能确保我们社会地位的人。但默顿说，这一自我是一种幻觉——它在现实之外，在生活之外，（对他来说）在上帝对我们的内在召唤之外。

默顿解释说，我们之所以无法看穿这种幻觉，是因为我们"给这个虚假自我披上了外衣，把它的虚无打造成了客观真实的存在"。我们用"快乐和荣耀"像绷带一样将它包裹起来，让我们自己和世界都能看到它，就仿佛它拥有"一个透明的身体，只有当可见的东西覆盖了它的表面，它才能被看见"。你可以在青少年中看到这种"浮夸"的案例，比如一个女孩表现出不必要的攻击性来让所有人都知道她不会任由别人欺负，一个小伙子在活页夹里塞满圣经语录来向所有人宣告他是虔诚的教徒，一个自大的辩手总是在谈话中假装不经意地提到黑格尔或尼采，这样所有人都会知道他很聪明。这就是默顿所说的给虚假的自我披上外衣的含义。

但默顿提醒我们，不管你在不可见的身体上裹上多少东西，虚假自我本身仍然是空洞的。他写道，一旦剥掉外衣，"我将一无所有，只剩下赤裸和空虚的自我，告诉我自己本身就是一个错误"。这确实无法让人安心。但也不是不可能有大团圆的结局。默顿写道，如果我们能唤醒真实的自我，我们就能在"有害的空想出来的自我"因其空虚而崩溃之前摆脱它。我们在年轻时，充分的浏览可以帮助我们摆脱虚假自我。在人生这一阶段，我们有勇气也有足够的时间，把自己从不真实中解放出来。

在大学一年级时，有很多人的大学生活是对高中生活的延续。比如：如果他们高中时是管弦乐队的成员，他们在大学也会报名参加管弦乐队；如果他们高中时是数学天才，他们在大学就会选修很多数学课。然而，在大一结束后的那个夏天，会有很多人放弃之前的选择。在我认识的同学中，有几十个人在入学一段时间后突然醒悟过来，认识到：我真的不再喜欢做这件事了。这和默顿的比喻一模一样。这些同学曾长期沉浸在一个自己的世界里，拥有与这个世界相关的T恤、奖杯、生活习惯和社交媒体身份。然后，他们会把这个世界全部推倒，而这个世界也会在一瞬间崩溃，因为他们早在几年前就已经失去了对这些活动的内在体验。

为寻找真实感，也可以用新的召唤取代旧的召唤。有一种情况是你爱上了一个人，这一关系带来的满足感让你对自己之前的自我认知产生了质疑。有时情况恰恰相反，通过一份新的工作、一个新的宗教或一场新的政治运动，你找到了生活的新意义，而在新发现的召唤的照耀下，你之前的人际关系显得肤浅起来。

近几十年来，这种摆脱不真实自我最突出的例子是"出柜"。在没有"出柜"的时候，一个同性恋者经常会像默顿所描述的那样，表现出虚假自我——以特定的方式说话和行动，打造自己是异性恋者的幻觉。"出柜"让虚假自我消失了，取而代之的是轻松的感觉。

作家莫尔·米勒（Merle Miller）在1971年"出柜"后写道："我终于意识到我是多么压抑。"演员埃利奥特·佩奇

（Elliot Page，原名 Ellen）在"出柜"后也说道："我厌倦了隐藏自己，厌倦了不动声色地撒谎。"政治分析人士史蒂夫·科尔纳基（Steve Kornacki）形容说，自己"出柜"后感觉"恐惧和偏执都消失了"，而对于他在乎的人，他的生活"终于有了意义"。解放、轻松、开放、放松、完整——这就是真实的感觉。

尽管我们当中只有一小部分人经历过"出柜"，但为获得在其他方面的身份认同，大多数年轻人也会经历类似的过程：重新审视过去，反思我们哪些部分是真实的，哪些是不真实的，放弃那些一直感觉不太正确的继承性承诺，拿回我们对自己的控制权，决定自己将成为什么样的人。托尼·莫里森（Toni Morrison）说得好："你就是你自己的故事，因此你可以自由地想象和体验作为人类意味着什么。"你无法完全控制你的故事，但尽管如此，你仍然有自己的"创作"空间。

新鲜感

浏览模式最简单的乐趣就是新鲜感。每次我们尝试新的东西，都会体验到兴奋的感觉。今天的年轻人比历史上任何一代人都体验了更多的新鲜事物。如今，旅行、学习、认识新的人都变得更加容易。也许过去 50 年最重要的发展成果就是一个巨大的新鲜感制造机——互联网。它为我们提供了与整个世界联结的能力，并能够随时提供新鲜感。

马克·扎克伯格甚至曾经说过,他认为社交网络在新鲜感方面存在摩尔定律,分享的信息量每年都会翻倍,"10年后,人们分享的东西将是现在的1000倍"。2015年,他的口径稍微收敛了一点,在写给刚出生的女儿的公开信中写道,他梦想着她这一代人的体验将"比我们今天的体验多100倍"。至于体验多100倍的人生会是什么样子,我想这还有待观察,但有一点已经得到了明确:新鲜感已经成为目标。

在过去10年里,"YOLO"(你只能活一次,you only live once)的口号流行起来,用来号召人们尽情享受生活中的新鲜事物。同时流行起来的还有另一个与之类似的词——"FOMO"(害怕错过,fear of missing out),指的是当"你只能活一次"的体验需求无法被满足时产生的"错过恐惧症"。作家格雷迪·史密斯(Grady Smith)把围绕这种精神涌现出来的流行音乐称为"YOLO pop"。它强调活在当下、永不停歇。用歌手凯莎的话来说,就是"尽情享受这个夜晚,就像我们将会很快死去一样"。

许多人把体验新鲜事物的感受形容为"感觉自己又回到了童年"。2010年,记者卢·安·卡恩(Lu Ann Cahn)开始了一个名为"第一次"的年度计划,决心每天至少做一件以前从未做过的事。她渴望那种孩子般的好奇心,而当你习惯了舒适的日常生活后,这种好奇心就会减弱。在之后的一年里,她收获了365次"第一次",包括买了一张彩票、玩了一趟滑索、逛了一家漫画书店、参加了一场健身比赛等。在这一计划结束后,她对众人说,她感到自己摆脱了束缚,"生命以神奇的方式被打开了"。"第一次"所代表的新鲜感,就像"新鲜的空气和新鲜的生活"。至少在一段时间内,无限浏览真的很有趣。

第三章　无限浏览模式的痛苦

最终，这种乐趣会变成一种折磨。这个时候，你已经完成了探索，到了开始认真起来的时刻。也许，威利的《再次上路》（On the Road Again）此时听起来已经不太真实，而贾森·伊斯贝尔（Jason Isbell）的"我以为高速公路爱我，但她却不断打击我"开始引起你的共鸣。一旦你体验过走廊中的灵活性、真实感和新鲜感，继续浏览可能只会让你感到麻木、孤寂和浅薄。

选择失能

无限浏览模式的灵活性可能会带来"选择失能"的痛苦。你拥有的选项越多，你从一个选项跳到另一个选项的次数越多，就越难对一个给定的选项感到满意，对其做出承诺的信心也就越少。心理学家巴里·施瓦茨（Barry Schwartz）在他 2004 年出版的《选择的悖论》(The Paradox of Choice)中提出了这个观点并为大众所熟知。施瓦茨描述了一种对我们的日常生活造成困扰的现象：我们消费任何一件东西，不管是食物、衣服，还是特百惠，每一个细节都需要我们做出选择。如果你曾经只为在亚马逊上寻找一个新的电脑键盘就花了30分钟，或者一边讨论午餐吃什么一边搜索Yelp，你就能理解施瓦茨在说什么。

施瓦茨解释说，没有选择的生活"几乎是无法忍受的"。随着选择增加，我们在开始时会得到一些好处，比如更多的自主权、更满意的个性化、更强的灵活性等。但有时"选择不再让人自由，反而让人虚弱"。这就形成了一个悖论：从理论上讲，我们似乎总是想要更多选择，但在实践中我们并不想要。

这样的例子随处可见。我们以那些优先考虑便捷性而不是提供大量选项的成功企业为例。乔氏超市（Trader Joe's）剥离了附加在商品上的一切，它们减少了出售的商品总量，也减少了每个品类的商品数量，并且这些产品都没有品牌。它们没有网店，也不进行促销，但是它们收获了一群狂热的追随者。Chipotle[①]也做到了这一点，它把菜单做得很短，大多数顾客凭记忆就能点菜。

在更重要的事项上，你也可以看到选择悖论在发挥作用。上大学时，我和学校的一些摩门教徒成为朋友。虔诚的摩门教徒常

---

① Chipotle Mexican Grill，一家美国餐饮企业。——译者注

常发自内心地只想和摩门教徒约会，这意味着他们的约会对象只能从这个地区仅有的大约 30 个人中选择，而像我这样的非摩门教徒，可选的人数则有数千人。起初我以为他们一定会因此感到受限，但我惊讶地发现大多数人并没有这种感觉。相反，他们处理约会的方式与他们的世俗朋友不同。我的其他朋友总是在寻找完美伴侣，并很快会因为一些浅薄的问题就否定一个约会对象，但我的摩门教徒朋友则倾向于给对方更多机会，从而避免了落入"这山望着那山高"的陷阱。他们认为，夫妻关系之所以能维持下去，主要是因为夫妻双方对彼此的承诺以及对一些核心价值观的坚守。

施瓦茨问道：为什么"（我们的）选择自由扩大了，我们却感到越来越不满意"？购物疲劳是最简单的例子之一。我们拥有的众多选项导致了经济学家弗雷德·赫希所说的"小决策的暴政"。成千上万类似选"白面包、小麦面包还是黑麦面包"的时刻会消耗我们的精力、意志力和记忆力。如果我们能对"足够好"的选择感到满意，这不会导致什么问题。但施瓦茨解释说，我们中有太多人被训练成了"追求最好的人"，即除非我们"确信每一次决策都是最好的"，否则不会满意。

我们也会受到未被选择的选项的困扰。如果你去买冰激凌，直接点了一个巧克力口味，之后会开心享用。但是如果你是在巧克力、香草和草莓三种口味中选择了巧克力，你可能就没有那么开心，因为你会纠结于刚才是否应该选择另外两种口味。施瓦茨解释说，你对选项探索得越多，"被拒绝的选项就越多"。无限浏览模式导致的纠结感就像驱不散的幽灵。

我们不仅被现实生活中我们所选择的东西所困扰，我们还会被想象出来的选项所困扰，因为这些选项"结合了现有选项具有的所有迷人特征"。当你决定搬到芝加哥时，你不仅会因为没有选迈阿密、华盛顿或奥斯汀而纠结，你还会因为一座同时拥有迈阿密的海滩、华盛顿特区的博物馆和奥斯汀的美食的"完美"城市而感到困扰。

施瓦茨认为过多选项导致选择失能的最后一个原因是它放在我们肩上的责任太重了。如果我们能谋划生活的方方面面，我们就得对生活的方方面面负责。回想一下你最近一次为一大群人挑选餐厅时的情景。没有人愿意做这件事，是因为没有人愿意为做出了次优选择负责。这也是为什么人们喜欢用抛硬币的方式做决定，因为这样他们就可以责怪硬币而不是自己。

所有这些的共同作用就是期望值全面提高。如果一个人需要把所有的时间都花在购物上，不仅会被没有购买的东西困扰，还会因为自己挑选的东西而受到严厉评判，那么只能期待自己的选择是最好的。但我们永远无法达到这个标准。尽管有这么多选择，尽管为满足自己的期望竭尽了全力，我们最终还不如开始时满意。心理学家唐纳德·坎贝尔（Donald Campbell）和菲利普·布里克曼（Philip Brickman）将这种现象称为"享乐跑步机"（hedonic treadmill）：我们在追逐一种永远无法企及的满足感，因为这种满足感会随着我们的追逐而越来越远。几个世纪前，圣奥古斯丁描述了同样的概念："欲望永不停息，它本身是无限的，无尽的……是一种永恒的折磨，或者可以比喻为马拉磨。"

关于这种现象，我最喜欢的一个例子是心理学家大卫·施卡德（David Schkade）和丹尼尔·卡尼曼（Daniel Kahneman）在 1998 年的一项题为"住在加州会让人快乐吗？"的研究。两位研究人员只是调查了中西部地区和加州的生活满意度哪个更高，调查结果显示满意度是一样的。尽管我们总是做这样的白日梦，但逃到阳光明媚的加州（无论是从象征意义上还是从实际意义上）并不会让我们比现在更快乐。灵活性，即做出不同选择的能力和放弃一切、再次上路的能力，在一定程度上是有益的，但它本身不足以让我们获得快乐。事实上，它反而常常会阻碍我们获得快乐。

失 范

无限浏览模式也会导致孤立——与任何事物都没有联系，也没有任何期待的萎靡状态。离开那些迫使你成为另一个人的关系、角色，甚至整个社群，会让你感到一种解脱。但在我们获得自由之后，会渴望加入另一个社群。换句话说，被困在一个上锁的房间里是压抑的，但住在走廊里同样如此。

19 世纪 90 年代，社会学家埃米尔·涂尔干（Émile Durkheim）

开始研究自杀的原因。他的研究被认为是现代社会科学的第一个研究项目。从来没有人用现代的数据收集和观察方法如此细致地研究过一个社会现象。在研究这个问题时,涂尔干与后来他的无数效仿者一样,试图用一个相当狭窄的课题以小见大地研究社会组织方式。

这是一个很难回答的问题,因为人们自杀的原因有很多。这些原因之间有关联,还是只是随机的?涂尔干首先收集了很多证据,比如不同人口群体、历史时期和地点的自杀率,然后列出了一个数据图谱,从中梳理出存在于随机性中的模式。涂尔干列出的数据图谱的一端是高度群体化和规范化的文化。在这种文化中,你会感觉到自己是这个群体的一部分,你也会被要求成为这个群体的一员,同时所有人都在其他人的监视之下。这种文化既有好的一面(比如,在你生病时有人照料),也有不好的一面(在你违背文化规范时会受到惩戒)。在图谱的另外一端,是一种群体化和规范化程度都很低的文化。身处这种文化中,你不大会感觉到自己是群体中的一员,也没有人监视你。这种文化同样有好坏两个方面,好的一面是你可以做任何你想做的事,不好的一面是没有人关心你。

涂尔干发现,自杀类型取决于人们与这些不同类型文化的关系。[①]当你作为一个个体与你的文化期望捆绑得太紧时,就会出

---

① 需要注意的是,涂尔干仅仅关注的是文化因素(不是个人和医疗因素)导致的自杀,并且当时抑郁症及相关疾病在临床上尚未得到充分研究。

现一连串的自杀事件。你可以在自杀身亡的人身上看到这一点：因为他们觉得自己被所属的文化约束得太严，或者被所属的文化束缚得太紧了。用涂尔干的话说，这些人自杀是因为"未来被无情地封锁，激情被压迫性的规范粗暴地扼杀"。例如，绝望的囚犯、压抑的家庭成员或社群中不愿循规蹈矩的成员。

但在图谱的另一端，涂尔干发现了脱离社区和文化期望引起的另一系列自杀事件。他解释说，有些人会因此感到绝望，因为他们知道外面有一个社群，他们本应属于那里，但他们无法走近它。另一些人感到绝望，是因为他们看不到适合自己的社群，随之而来的是缺乏关于追求什么、如何行动、信仰什么、满足什么以及如何安排一个人的生活的指导。这种绝望，是对无意义、冷漠和虚无的绝望。

涂尔干将这种自杀称为"失范型自杀"（anomic suicide），将其行为背后的情感称为"失范"。这是一个恰当的名字，nomos 是希腊语"法规"的意思，而失范是指一个人没有标准或规定来组织自己生活的感觉。如果没有外界的帮助，一个人很难让生活变得有意义。涂尔干写道："不考虑外部的控制力量，我们的感觉能力本身是一个永不满足的无底深渊。但如果不对这种能力加以限制，它只会成为折磨自己的根源。"失范不是输掉比赛的绝望，而是没有记分牌的绝望；不是在旅途中迷路的绝望，而是因为没有值得奔赴的目的地而产生的绝望。

当然，这是在用学术的方式解释失范。同样的观点事实上有另一种方式表达：你可能太过冷静。作家阿拉娜·玛西（Alana Massey）在她的热门文章《对抗冷静》（"Against Chill"）中，描述了拥有那种只想永远"出去玩"的男友的痛苦，他们会因为女友不想严肃地对待任何事情而夸赞她。玛西写道，保持冷静的想法"现在已经渗入了我们的感情生活，迫使我们当中那些想要交流感情和彼此负责的人不得不与那些和我们约会的人比比谁更能'不动真感情'"。

玛西对冷静的负面影响的描述完美阐释了 21 世纪失范的痛苦。在恋爱关系上太久"无动于衷"是不快乐的原因。玛西打趣说，挂上标签不是戴上手铐，而是人们"在火灾中找到出口，以及确保他们在蛋糕中添加的是香草精而不是砒霜"的方法。冷静的反面不是压抑，而是热情。玛西总结说，我们需要一点热情，才能"做出一些像坠入爱河这样非常不冷静的事情"。

玛西的文章是关于情感的，但这一点也适用于生活的其他部分。也许你也曾有过这样的经历：某人对一项任务、一个项目、一个社区或一份工作过于冷静。我思考了我与室友相处过程中遇到的所有情况。大多数时候你都需要你的室友保持冷静。但偶尔，当你把脏盘子扔在水槽里不洗的时候，让对你大喊大叫的室友保持冷静可能吗？当你的厨房里满是蚂蚁时，不遵守纪律就没那么有趣了。

失范真正的解药是真实的社群。我们需要和我们思想共通的人，我们需要自己喜爱和在乎的人以及喜爱和在乎我们的人。当我们缺乏真实的社群时,尤其是如果我们曾经拥有过这样一个社群时,我们会感觉到它的缺失。

在《部落:论回家与归属》(Tribe: On Homecoming and Belonging)一书中,记者塞巴斯蒂安·荣格尔(Sebastian Junger)描述了返乡士兵从战场返回家乡后的迷失感——在战场上,他们是受使命驱动的社群的一部分,而家乡却是一个"做自己的事"的社会,在那里他们被期望像我们其他人一样做孤立的"小人物和消费者"。在荣格尔与一名退伍军人交流时,后者形容自己服役期间是他有生以来第一次身处一个"可以毫无顾忌地互相帮助"的群体。这里没有竞争,只有一个为同一任务而奋斗的15人小队。

荣格尔写道,当士兵无法适应平民生活时,我们会用医学手段、个性化治疗方法和药物解决他们的问题,却没有人关注问题下面潜在的文化脱节问题。一个士兵的病症可能会得到正式的心理诊断,但导致他们生病的可能是标准的缺失,这是被剥夺了对社群的承诺所带来的痛苦。退伍军人并不是唯一一个会面对这种感受的群体。如今,每个人都渴望拥有有意义的社群。当今美国最流行的观点之一,也是在任何政治演讲中一定能引起听众深刻共鸣、得到喝彩的观点,就是我们需要更加主动地伸出手来,去了解我们的邻居,形成更加团结的社区。

但失范不仅仅与缺少恰当的社群有关,也与缺乏规范有关——缺乏文化规范、道德引导和行事原则。我们渴望的不仅仅是朋友，也渴望成为受使命驱动的社群里身负责任的一员。光有温暖的感觉是不够的，我们还希望能满足期望、实现抱负、赢得荣誉。

有一个与直觉相反的现象，那些对成员要求更多的组织，即赋予成员更大责任而不是仅仅满足他们愿望的组织，反而能够蓬勃发展。这就是为什么那些宣传"想什么时候来就什么时候来，做什么都行，这些不是问题"的组织比那些宣传"我们需要你，我们已经准备好让你工作，我们都依赖你"的组织招募到的志愿者少；这就是学校里那些对学生期望最高、最执着的老师和教练往往拥有最忠实的追随者的原因。人们渴望被赋予责任，因为责任能赋予我们意义。

哲学家威廉·詹姆斯（William James）在 1906 年的演讲《战争的道德等价物》（"The Moral Equivalent of War"）中也提出了类似的观点。詹姆斯是在内战期间成年的那一代美国人，他们的整个生活、职业生涯和心态都笼罩在国家对那个时期的记忆里。他在演讲开始时提出了一个引人注目的问题：假如战争从未发生过，但这段历史与内战取得了相同的结果，即联邦胜利、奴隶制废除等，那么与他同龄的人们，是否愿意用内战的经历交换这段虚构的历史。

这一问题的答案引出了演讲的核心谜题：为什么很少有人愿意接受这种交易。詹姆斯说："那些先辈、那些奋斗、那些在战争中产生的记忆和传说是一笔神圣的精神财富，比所有的流血牺牲都更有价值。"当然,当被问及是否愿意再来一次内战时,"没有一个人会投票支持这个提议"。这就是谜题所在:没有人想要战争,然而当战争强加于我们、我们不得不奋起反抗时,它给了我们一种宝贵的集体体验。

为了解开这个谜题,詹姆斯向我们提出了挑战:开发出"战争的道德等价物"。这种等价物是一种集体项目,既要保留军事行动积极的一面,如激发人的斗志、活力、忠诚和勇气等,又要避免分裂、残忍和流血等消极特征。如果我们能让人们致力于"有建设性的项目"[詹姆斯的建议有(在他所在的年代)"货运火车、12月的捕鱼船队……修路和挖隧道……"]并把这些工作视为英勇的集体斗争的一部分,我们就会收获"一颗赤子之心",有"更富同情心和更清醒的思想",以及"更踏实、更自豪"。

这是詹姆斯在19世纪和20世纪之交提出的公民浪漫主义观点,当我们看到它曾被用于比12月捕鱼更黑暗的目的时发生了什么,当然会觉得它在20世纪末会有些不合时宜。但这一观点的核心要义是正确的:我们内心深处渴望一个真实的社群,它让身处其中的我们获得了值得为之奋斗的目标。

肤　浅

为学习户外技能,我的一个朋友曾经参加了一次为期30天的徒步旅行。在这段艰苦的徒步旅行中，他们经常要冒着冰冷的雨水翻越丛林覆盖的山丘。旅行进行到一半时，一名参与者因为膝盖疼痛离开了团队。不得不中断旅行让她在一开始感到很失望，但能把时间花在团队里其他人不能做的事情上也让她感觉很兴奋，比如蹦极、洗热水澡、吃比野营炉烹饪的食物更美味的东西等。几天后，她伤愈归队，向队友们分享了她独自冒险的照片，我的朋友则向她讲述了团队在旅途中最艰难的经历，此时可以明显看出她更渴望当时和大家在一起。和团队一起徒步30天的特别经历，是一个人蹦极多少次也无法相比的。

无限浏览模式是有代价的：当我们把时间花在疯狂地寻找新的体验时，我们就错过了只有长时间坚持才能获得的更深层的体验。

脸谱网曾经发布过一个广告，广告的开头是一个年轻人和她的祖母坐在一起吃饭。祖母一直在说一些无聊的事情，所以孙女自顾自低头看着手机。当她滑动屏幕时，一个鼓手、一名芭蕾舞者和一群打雪仗的人从手机里跳了出来。广告想要传达给我们的信息是：有了脸谱网，你就不再是只和家人待在一个房间里了，你的手机是一个随时可用的逃生出口。

当我们谈论FOMO时，所谓的害怕错过，常常指的是错过一些新奇的体验，比如蹦极。手机为获得这些体验提供了捷径，当你不得不去做一些无聊的事情时，你至少可以通过手机间接享受更美好的东西。但是广告中的孙女真正错过的可能是她祖母的无聊故事，也可能是如果她能与祖母专心交流，本可以与祖母建立的更深层次的关系。我们的祖父母只能在这世上活一次，我们应该担心错过的是什么呢？

做出承诺，我们可能会错过最新的新鲜事物。但如果不做出承诺，我们肯定会错过那种只有长达 10 年（甚至是 10 分钟！）的全身心投入才能体验到的深深的快乐。持续的参与是我们看清这个世界的唯一途径，即区分什么是重要的和什么是不重要的唯一途径。这就是为什么培养提高注意力的技能会成为教育的主要目标。"儿童发展的首要条件是专注力。"教育家玛丽亚·蒙特梭利（Maria Montessori）写道。威廉·詹姆斯称，"一遍又一遍地，自动地重新集中注意力"的技能是"判断力、毅力和决心的基础"。

深刻通常会胜过新奇。这个原则甚至还有一个名字——林迪效应。它的名字源于纽约一家长盛不衰的熟食店。林迪效应认为，一个理念或实践存在的时间越长，它在未来继续存在的时间就越长。这就是为什么，尽管指尖陀螺是 2017 年夏天最热门的话题，但相比之下跳绳更有可能在 100 年后仍然存在；这也是为什么相比今年新上映的大片，我们现在还在看的经典老电影更有可能在 50 年后仍有人看。如果某样东西已经持续存在了很久，那么它（至少在平均水平上）在未来会比那些尚未自我证明的东西存在得更久。

至少对生活的某些方面来说，持久性可以用来粗略地测量深度。大多数时候，我们可以通过多年后是否还记得某件事来了解它对我们的影响有多深。所有这些多年来你偶尔读到的网络帖子会像雪花一样消失，但在某一个夏天，你下定决心研究"武士"这个课题并阅读了所有你能读到的与之相关的资料，这些知识会一直留在你的脑海中；你浏览过很多视频，但它们在你的记忆里都是模糊的，而一部让你坐下来看了两个小时的深刻的纪录片，你在数年之后仍然能够回忆起来。

新鲜感是肤浅的，我的这些观察不过是老生常谈。几十年来，人们一直在发出警告，肤浅的现代生活中潜藏着危险。不幸的是，大多数末日预言者长于诊断，却拙于治疗。

但近几十年来，有一场文化运动在很大程度上展现了回归深刻的可能路径。

这一切都要从一家在 1986 年引起巨大争议的意大利麦当劳说起。当这家汉堡连锁店在罗马最著名的广场之一（西班牙广场）开业时，整个意大利一片哗然。数千人集会抗议，因为意大利人认为麦当劳是肤浅的消费主义的象征，这家店铺是对历史中心的亵渎。意大利记者卡罗·佩特里尼（Carlo Petrini）是该连锁店的反对者之一，他认为标语和愤怒的口号不足以深刻传达抗议信息。于是，他来到广场，向人群分发意大利面。意大利面是意大利深厚烹饪传统的象征。佩特里尼和他的同伴们手拿意大利面，喊着："我们不要快餐。我们想吃慢食！"

这一天，国际慢食运动诞生了。它以蜗牛为标志，发布了一份极好的"慢食宣言"。宣言表示,要反对"破坏我们的风俗习惯,甚至影响了家庭的'快节奏生活'"。该运动号召支持者"重新发现当地美食的丰富品种和多样滋味",通过"培养品味"了解"真正的文化",享受"缓慢而持久的快乐"。

从此,慢食运动发展到了世界各地。这一运动的出现恰逢其时,因为人们已经开始意识到当下席卷全球的重数量而不重质量、重场面而不重深度、重抽象和通用而不重具体和特色、重快而不重慢的力量是有弊端的。这一运动远不止与食物有关:这是一种完全不同的思维模式,提供了一种完全不同的精神特质,与当下跨国公司提供的产品完全不同。

30年后,"慢生活"运动已经蔓延到其他几十个领域。建筑师约翰·布朗(John Brown)提出了"慢屋"——城市郊区廉价而随意扩张的居住方式的解决方案;心理学家大卫·特雷赛默(David Tresemer)提出了"慢咨询"——对"一刀切"疗法的解决方案;苏珊·克拉克(Susan Clark)和沃登·蒂奇奥特(Woden Teachout)提出了"慢民主"——一种与有线电视新闻辩论节目和总统竞选广告等哗众取宠的大众政治形式完全不同的以社区为基础的地方性政治形式。甚至还出现了"慢游戏"运动——呼吁电子游戏更人性化、更个人化、更引人思考。

速度和肤浅常常是联系在一起的。齐格蒙特·鲍曼喜欢引用拉尔夫·沃尔多·爱默生(Ralph Waldo Emerson)的名言:"当我们在薄冰上滑行时,安全的基础是速度。"当我们的日常活动十分肤浅，并且没有东西作为支撑时，我们最好是快速地从一个新事物转移到另一个新事物，防止自己注意到自己的肤浅。因为，如果我们像"慢生活"运动号召的那样强迫自己慢下来，我们就不得不去面对它。这种面对是令人恐惧的。但当我们克服了这种恐惧，我们就能重新开始去发现深刻。

我们想要浏览的灵活性、真实感和新鲜感，但我们不想要伴随而来的失能、失范和肤浅。我们喜欢有无限的选择，但我们也会爱上某一家餐厅。我们想要从不适合自己的承诺中解放出来，但我们也想要"战争的道德等价物"。我们希望"新鲜感机器"每天与我们分享一些有趣的东西，但我们也希望与老朋友慢慢吃饭、深入交流。

亚里士多德教导人们说，建立美德是对极端进行平衡的艺术。勇气是在懦弱和鲁莽之间取得的平衡；机智是在无聊和滑稽之间取得的平衡；友谊是在争强好胜和阿谀奉承之间取得的平衡。我们都想知道什么是恰当的平衡，但是到哪里去寻找"不失能的灵活性""不失范的真实感"和"不肤浅的新鲜感"呢？

这可以部分解释"反主流的承诺文化"为何如此吸引人。长期英雄们似乎取得了恰当的平衡，他们似乎找到了另一种方法——不是锁着的房间，也不是走廊，而是自由选定的房间。通过先适应一段时间，这些一心一意的人找到了解决困扰着我们的焦虑情绪的治疗方案。

第四章　在自由与投入之间进退两难

你可能会感到诧异，这种焦虑感不是每个年轻人都会感受到的吗？没错，但现在无限浏览模式之所以对我们造成了特别的困扰，是因为我们的社会近年来经历了新选项大爆炸。对于普通美国人来说，在机会、选择、新奇的经历和生活方式等方面可供选择的选项在20世纪增加的数量之巨大，怎么形容都不为过。

一两个世纪以前，大多数人的大部分生活完全是被继承来的非自愿承诺所支配。对许多人来说这是客观需要，因为你必须与你的家庭和社群待在一起才能生存下来。日出而作，日落而息，春种夏长，秋收冬藏，一个人在一生中能遇到的人的数量、能够看到的生活方式的数量都是很有限的，你生活中的大部分东西都不是自己选择的。

政治和宗教制度给人强加了其他非自愿的承诺。法律规定了女性的经济和社会生活大部分围绕着父亲和丈夫展开。如果你不是白人,你很可能出生在种族隔离医院,在资金不足的学校接受教育,被迫从事特定的工作和居住在特定的社区。如果你是残疾人,你所在的社区对你的生活期望值会很低。如果你在任何方面有所不同,比如你是一个留着长发的男人、一个无神论者、一个想以不同方式唱歌的音乐家、一个想拥有以不同方式生活的家庭的人,或者是一个只是想要围绕一些另类文化建立自己生活的人,那么你的大部分生活都将无法被公众接纳。长久以来,许多人一辈子都不会离开家乡,他们守着父母的愿望,继承家庭的宗教信仰和职业,与高中时的恋人共度一生。对大多数人来说,"保持开放选择"的想法是陌生的,因为从一开始他们就没有多少选择。

但是,20世纪一系列思想解放运动和社会发展解除了许多这种非自愿承诺。由于新技术和正义运动的作用,对地点、角色、生活方式和自我期望的非自愿承诺被解除了,更多的人在各个方面都有了更多的选择。

这并不是说,这些向自由的转变已经完成,特别是发端于20世纪的正义运动仍然是需要接续奋斗的未竟事业。并且我要指出,从非自愿承诺中解放出来是我们大多数人都会经历的宏大叙事。

我们的文化崇尚这种解放精神。几乎所有电影的情节里都有一个主人公,他或她曾经不得不对某件事做出承诺,但之后想方设法解放了自己,成为另一个人。可怜的孤儿卢克·天行者(Luke Skywalker)想要过一种新的生活,一种比他在塔图因星球上注定要过的生活更美好的生活。人们认为,艾尔·伍兹①(Elle Woods)永远不可能从事法律工作,直到她证明了自己可以,打破了这一偏见。《泰坦尼克号》里的杰克和露丝、《阿拉丁神灯》里的阿拉丁和茉莉公主,他们本不该坠入爱河,但他们还是挣脱了束缚,走到了一起。

在电影《跳出我天地》中,作为煤矿工人的儿子,比利的梦想是离开小镇去跳芭蕾。电影一开始,他的父亲很震惊,因为他对比利未来成为什么样的人、做什么和生活在哪里有自己的预期。但是,比利的梦想比这些预期远大得多。在电影结尾,比利摆脱了"命中注定的"生活,去了芭蕾舞学校。这是一个属于我们这个时代的佳话:一个关于获得自由的故事。

进退两难

但只有解放是不够的。我们需要从非自愿的承诺中解放出来,但这并不足以让我们过上充实的生活。有了汽车,我们就能去任何地方;有了互联网,我们就可以随意搜索;但只有自由,幸福却不会自动出现。如果杰克和露丝能够幸存下来,在最初的

---

① 美国电影《律政俏佳人》中的主人公。——译者注

火花消失后，他们仍然需要面对未来。爱情电影通常以死亡或婚礼作为结局，我们很少在银幕上看到真正的婚姻生活。

发现真实自我的戏剧性时刻也是如此。在那个勇敢的日子，你让大家知道了真正的你。但是，在你告诉别人真正的自己是谁之后，又该怎么办呢？如果比利·艾略特开始感觉学习芭蕾很无聊很累怎么办？当他开始怀疑自己是否应该成为一个牙医或木匠时，会发生些什么？又或者当他不得不在教芭蕾和陪孩子之间寻求平衡时，又该怎么办？

对于人类整体来说，只有解放也是不够的。尽管我们拥有所有解放自我的工具——我们有自由思考的能力，能看穿虚伪的谎言，找到所有故事中的破绽，但我们想要的世界并不会自动从旧世界的灰烬中浮现出来。我们这个时代的自由精神帮助我们推翻了"万恶"的旧制度，但它并没有帮助我们建立起新的制度；它帮助人类避免了一些悲剧，但它没有实现全球和平；它帮助我们诊断出了这个时代的疾病，但它并没有给出解药。

即使是推进解放本身的任务，无论是计划下一次正义运动、建立下一个联盟，还是组织下一次行动，需要的也不仅仅是解放的工具。只有批判、怀疑和分析是不够的，一个自由的世界还需要创造力、信仰、团结和启迪。《箴言》中说："人没有远见，就会灭亡。"在"我们是谁"的故事里，解放只完成了一半，故事另一半是全情投入。人们想要自由，但我们想要的自由是能够自由地去做某一件事。

这种解放——全情投入的循环无处不在。它是婚礼仪式中的一部分：你和你的家人分开，然后和其他人一起建立另一个家庭。在人们改变信仰时同样如此：先是失去对当前信仰的敬意，然后是重新皈依于另一种信仰。你可能会逐渐与旧的社群疏远，从失去信心到正式脱离，中间可能需要借助一些冒犯性的东西（侮辱性笑话和批评性言论）放松一个系统对你的精神控制。但之后，你在一个新社群中发展信仰的过程，则常常要通过重新神圣化的仪式再次形成依附关系，即把你生命中的一部分安置在新发现的神圣之处。

这个循环是古代炼金术的关键。虽然今天的人们大多认为它只是一种奇特的原始化学实验，但根据炼金术实践者的体验，它是一个复杂的神话系统，有助于个人的精神转变。"化铅为金"的炼金过程是对精神转变过程的精妙隐喻，即将铅制的人类灵魂升华为神圣的"黄金"灵魂。

炼金的物质过程包括三个阶段。第一个阶段，黑化或黑色阶段，包括剥离、打碎和熔解铅。第二个阶段，即白化或白色阶段，熔解的铅被洗涤和纯化。第三个阶段，即发红或红色阶段，将材料放入火中凝结成新的形式。在这个过程的最后，金子出现了：光凝结成了实质。

对于炼金术士来说，这就是如何成为一个完人的过程——从继承下来的沉重包袱中解放自己，将自己奉献给新的、更积极向上的信念和价值。但令人遗憾的是，这一过程中的各个阶段

（裂解与扬弃、分离与合成、熔化与凝结）都不是自动完成的。你需要学会如何解放自己，如何投入自己。

全情投入，需要先培养出"投入的美德"。这需要想象力，一种想象尚未发生的事情的能力；需要综合，一种建立联系的能力；需要专注力（集中注意力的能力）和韧性（这样你就可以一次又一次地执行同一个任务，即使它没有什么新内容）；需要激情，保持参与所需要的热情也很关键；需要敬畏，因为没有敬畏就没有激情，而敬畏也是一种能力。但最重要的是，全情投入需要承诺——在有其他选择的情况下，坚持做一件事的能力。

很难拍出一部关于全情投入精神的电影。例如，电影《爆裂鼓手》讲的就是一个与《跳出我天地》相反的故事。故事是从一个孩子在一个新的爵士乐团当鼓手的第一天开始的。没有孩子的爸爸告诉他不要打鼓的场景，没有孩子在夜深人静时偷偷去上打鼓课的场景，也没有大段戏剧性的台词，让孩子大喊："我不想当会计，我只想打鼓！"这部时长两个小时的电影，只是在展示一个孩子艰难地学习打鼓的过程——他一次又一次地尝试和失败，努力跟上他心中偶像的步伐。观看这部电影的感受也没有《跳出我天地》那样畅快，这可能就是《爆裂鼓手》这类电影数量很少的原因吧。

只知道如何解放自己，却不知道如何投入自己，这让我们陷入了解放与全情投入之间的炼狱。当我们已经从许多非自愿的承诺中解脱出来，却发现自己很难做出自愿的承诺。我们离开了从前的桎梏,但没有披荆斩棘地前行;我们鄙视过去的信仰,但我们没有去神化新的信仰;我们熔化了"铅",却没有将它凝结成"金子"。

流动的现代性

我们有能力熔化旧有的东西却不能凝结出新的东西,这一窘境的结果就是齐格蒙特·鲍曼创造"流动的现代性"一词时所提及的状态。在鲍曼看来,现代性是由熔化传统"固体"的过程定义的。旧的归属感、不相干的义务、继承来的遗产、家族的枷锁等所有"伦理义务织成的网"都被熔化了。

但鲍曼指出,熔化这些传统的目的是用其他东西取代它们。熔化是前提。我们用宪法、民族国家、官僚机构、公司、军队、工厂和重型机械取代了传统的社区。一切都很大:要成为一家强大的公司就意味着要有一个巨大的工厂;成为一个强大的国家就意味着要拥有强大的军队;成为一个高效率的城市就意味着要有大桥和火车站。个人可以通过加入这些基业长青的大型企业找到出路。这些机构的存续时间也很长,如果你在年轻时加入一家企业,那么你可能能在这家企业干到退休。

但鲍曼还指出,情况在20世纪下半叶发生了变化,熔化本身成了目的。不变的只有变化,唯一确定的是不确定性。现在盈利最高的不是工厂老板,而是控制了灵活的信息、能源和金融网络的人。过去，影响力来自持久性，那些庞大、稳固、持续经营的企业拥有最大的影响力。但如今，在这种新的"流动的现代性"中，影响力来自灵活性——一种能从容应对所有变化并以新的形式出现的能力。对于企业来说，今天的目标不再是通过投资保证对未来的控制，而是摆脱现有的牵绊，以保证未来的转型。企业在开展建设项目时会使用一系列短期合同，而不是建立稳定的劳动关系。鲍曼写道，"人们不再会为了一杯柠檬汁去种下一棵树"，他们只会去买一个柠檬，如此而已。

在这种新形式的现代性中，一切事物（包括人和建筑）都变得像希腊海神普罗透斯（Proteus）一样，可以随心所欲地以任何面貌出现。因此，流动的现代性的核心隐喻是：流动意味着无法保持自己的形状。这就是当你被卡在解放和全情投入之间时的状况：你已经熔化了，但无法找到再次凝结的方法。

流动的现代性充斥在我们周围。我们的工作方式、约会方式、消费方式、行动方式以及作为公民的行为方式，都被这种大解放改变了。

据统计，2019年跳槽的职场人士中，非千禧一代与千禧一代的比例是1∶3。德勤（Deloitte，全球四大会计师事务所之一）最近研究发现，2/5的千禧一代希望在两年内离职。这种趋势与年龄无关，而是因为时代的变化。在过去的20年里，大学生毕业后前5年经历的工作岗位的平均数量从1986年至1990年的1.6个增加到2006年至2010年的2.85个。

有些人是自愿跳槽的，但大多数人是因为大规模裁员和劳动力零工化不得已而为之。据估计，在当前"不稳定的经济状态"下，自由职业者、临时工、分包商和灵活就业者［比如优步（uber，打车APP）司机或任务兔子（Task Rabbits，用于任务发布和认领的平台）］的数量高达约5500万人。即使这些人中有许多想要长期从事某一项工作，经济结构也无法提供这样的机会。

人际关系也愈加松散。1962年，30岁以下的美国人中有3/5已婚。50年后，这一比例已降至1/5。但千禧一代并没有选择滥交而不要婚姻。圣地亚哥州立大学的一项研究发现，千禧一代在青年阶段的性伴侣比"婴儿潮一代"或"X一代"青年时代的性伴侣数量要少。年轻人可能会推迟结婚，部分原因是与他们的父母那一代相比，他们能接触到更多的人，因此也就意味着有更多可选择的伴侣。因为总是期待下一个也许更好，这让我们犹豫不决，无法做出选择。Tinder等约会应用软件已经把最大限度发现潜在伴侣发展成了一门科学，但这并没有什么帮助。播客主持人PJ.沃格特（PJ Vogt）曾经说过"最难的部分是看到了所有人，而且每个都不错"。

离婚和家庭破裂给很多年轻人留下了心理创伤，他们希望能够保证自己不会面临同样的命运。俱乐部、教堂和工作社区，这些让人有机会抛开外在条件去深入了解一个人的地点，即可以被称之依恋实体的地方也在减少。当然，最重要的是，不断蔓延的经济不安全感让人们无法在一个地方安定下来。

与此同时，许多年轻人已经接受了所谓的共享经济，从汽车到自行车、从衣服到甚至是家庭烹饪的饭菜，越来越多的商品被重新包装起来。我的生活方式也从拥有或制作一样东西，变成租赁服务或购买预先包装好的东西。但"共享经济"并不是这种经济形式的准确名称，因为共享经济意味着必须有一种共享的文化和成员间感觉对彼此负有责任的社群。研究人员吉安娜·M.埃克哈特（Giana M. Eckhardt）和弗洛莱·巴迪（Fleura Bardhi）给它起了一个更好的名字：准入经济。这是一种一个人无须承诺任何事情，（如果足够富有的话）就可以获得一切的经济形式。你可以预定公用办公空间，而不是投资办公空间；你可以在声田（Spotify）上收听单首的歌曲，而无须购买完整的专辑；你可以通过快递买到送货上门的食谱和食材，而不需要自己计划膳食和出门采购。

最新的发展趋势特别有启示作用。在历史上，做饭和吃饭一直是最能体现身份、个性和群体属性的活动。我们如何购物、腌制食材、烹饪、装盘、上桌、享用、回收，以及如何种植食物，一直是我们个人自豪感的来源。但近年来，我们经历了一场变革。预订餐包的广告随处可见。不仅快速休闲连锁店正在蓬勃发展，"幽灵餐馆"（只提供送餐服务的餐馆）也在美国各地快速涌现。根据食品营销研究所（Food Marketing Institute）的最新调查，美国成年人几乎一半时间是自己一个人用餐。

由于职业不稳定、房租飞涨和房价越来越贵，许多年轻人不得不不停地搬家。从一个社区到另一社区，从一个城市到另一个城市，这让我们感觉与所居住社区之间的联系变少了。2/3 的年轻人感觉自己与社区没有关系，1/2 的人说自己没有时间参与本地的活动。我们比之前任何一代人都更不信任我们的邻居：在一项调查中，当被问及是否曾经做过十项"邻里友好行为"（比如对邻居微笑、记住邻居的名字、到邻居家拜访等）时，这一代人的得分比长辈们低得多。

　　这一切的结果是孤独。3/10 的年轻人经常感到孤独，1/5 的人称自己根本没有朋友。友谊以及培养和维持友谊，当然需要承诺。

　　在过去半个世纪里，人们对美国所有机构的信心都在下降。调查发现，我们对政府、总统和国会的信任度比以前更低了。我们不相信媒体；我们不信任医疗、法律和教育系统；我们也不太信任宗教和企业。一半美国人认为"整个体系"辜负了他们。这一调查面向的是各个年龄段的美国人，如果我们只调查年轻人，这些数字将会更低。只有不到 3/10 的年轻人对银行、司法系统、高科技企业、市政府、州政府、联邦政府和新闻媒体"非常有信心"。

　　因此，与我们的祖辈相比，我们与大型机构和社区之间的关系要弱得多。65 岁以上的美国人中有 2/3 的人信教，而 30 岁以下的美国人中只有四成信教。在"对宇宙的好奇感"或"思考生命的意义和目的"的问题上,这几代人的回答保持了相近的水平,但年轻一代中"信教但不虔诚"的人数几乎是上一代人的两倍。而大约一半的美国年轻人把自己描述为政治独立人士,但相当一部分自称政治独立的人总是投票给一个政党。这表明这些人在意识形态上并不是真正的独立人士,而只是讨厌被贴上一个标签。

我还可以继续举例,但我相信你已经明白了我想表达的意思:我们之间的纽带已经松开,我们之间的信任已经减弱,"保持开放选择"已经成为我们这一代人的座右铭。鲍曼说得很对:在这个流动的世界里,我们是流动的人。身处在解放与全情投入之间,我们既庆幸自己没有被困住,但又渴望在纷乱的洪流中更加坚定地生活。

莫回头,别滞留

浏览和承诺之间的冲突关系表现在个人层面上,灵活性、真实感和新鲜感带来的快乐总是伴随着失能、失范和浅薄带来的痛苦。这种冲突关系表现在群体层面上,是我们被困在了流动的现代性之中。有些人将这种冲突描述为一种潜在的焦虑、倦怠或普遍的不安感;有些人将其称为集体的萎靡、广泛的崩溃或大规模的异化;有些人认为这只是一种简单的失能,即想做某事却做不到的感觉。问题已经显现,但我们该怎么应对它呢?

面对这个问题，有人认为我们应该重拾非自愿承诺。你可以仔细回顾过去一个世纪所有解放运动的进展和斗争历程，并找出致力于让时光倒流的团体。有些人渴望回到严格的等级制度中；另一些人则依附于一个旧的组织，在人们失去信任之前，假装岁月静好；还有一些人假装他们的常识是可以放之四海皆准的，他们的判断是"中立而客观的"，他们对社会的个人看法是"完全自然和必然的"；甚至有些人已经放弃了汽车和互联网，过上了隐居山林的生活。

有时"回归确定性"，或者说回归非自愿承诺，并不等于回到过去。你也可以"走向确定性"。诗人威斯坦·休·奥登（W. H. Auden）曾写道，有两种人梦想去往"没有苦难和邪恶的快乐之地"，他们是阿卡狄亚人和乌托邦人。阿卡狄亚人是"希望时光倒流"的人。他们向往伊甸园，即阿卡狄亚，一个"当今世界的矛盾尚未出现"的地方。在阿卡狄亚，不需要去讨论关于承诺的问题，因为每个人都以自己的方式紧紧地贴合在一起，并且他们这样做是下意识的。乌托邦人想要的恰恰相反，他们想要的是一个"新耶路撒冷"。在那里，当今世界的所有矛盾"最终都得到了解决"。在乌托邦中，人们也不需要谈论承诺，因为每个人都对自己在新秩序中的角色如此投入和满足，以至于不需要去思考"承诺"的问题。

但我们不能，也不应该回归确定性，无论以哪种方式。正如作家迈克尔·韦斯（Michael Weiss）所言，阿卡狄亚人倾向于忽视所有他们不得不忽视的苦难，以便在他们自己的伊甸园里平静地生活。人类的苦难可能并不是他们造成的，但他们的冷漠加深了苦难的程度。一个把"艺术与美"看得比"活着的人"更重要的人会变成什么样呢？一个沉溺在旧世界的人渴望成为这样是可以理解的。但是对于那些不这样想的人，对于那些受到阿卡狄亚人压迫或包围的人来说，这种怀旧是令人不安的。

而说到乌托邦，并不存在一个能让我们完全融入其中的乌托邦。哲学家罗伯托·昂格尔（Roberto Unger）写道，人类的一个决定性特征是我们会"溢出我们的环境"（overflow our contexts）——我们拥有的内在，无论是个人还是集体的，超出了任何可能的社会安排。伊曼努尔·康德（Immanuel Kant）也很好地阐述了不可能存在完美秩序的原因："人性就像是弯曲的木材，造不出笔直的东西。"而且，正如韦斯所指出的那样，乌托邦主义者往往会忽略需要做些什么才能驱使每个人都接受他们的完美愿景。有多少人"将会高兴地蹚过血河去往他们的新耶路撒冷"呢。

所以我们仍处在解放和全情投入之间的中间地带。回归非自愿承诺（被锁在门后）是不可接受的，它不适合我们：我们需要一些灵活性，找到真实的自我，体验一些新的东西。但一直在走廊里踯躅也不可接受：我们想要的不仅仅是失能、失范和浅薄。如果我们在解放和全情投入之间徘徊太久，当我们找到时间做选择的时候，可能已经没有一个可以让我们全情投入的世界了。就像老酒保在打烊时常说的那句话："你不是必须回家，但你不能待在这里。"

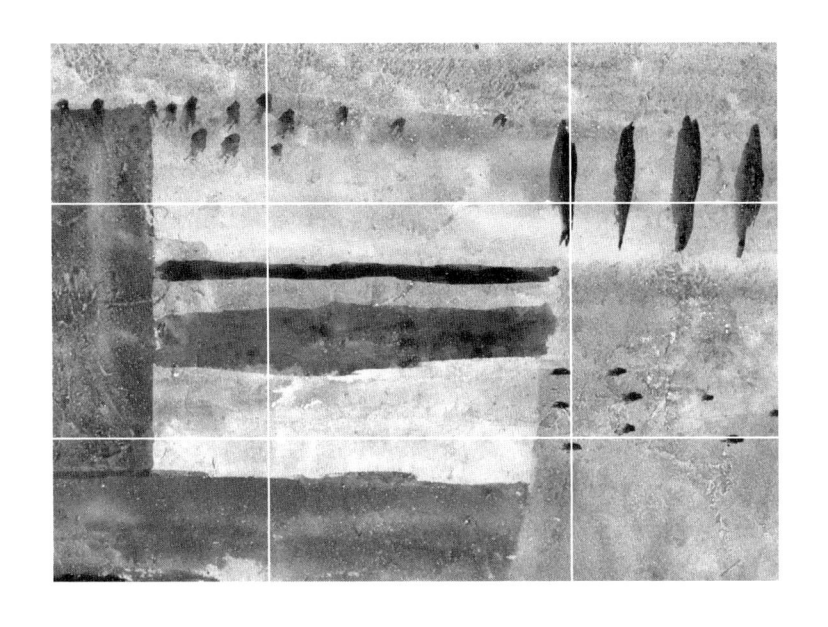

第二部分
承诺：反主流文化

第五章　长期奉献的英雄主义

1863 年的新年午夜,《解放黑人奴隶宣言》生效。这是一个具有里程碑意义的时刻,几个世纪以来反对美国奴隶制的斗争正式达到了高潮。为了庆祝,数千名废奴主义者聚集到了波士顿音乐厅。

诗人亨利·沃兹沃斯·朗费罗(Henry Wadsworth Longfellow)和拉尔夫·沃尔多·爱默生参与了活动组织。为支持废除奴隶制的事业,朗费罗在 20 年前出版了《关于奴隶制的诗歌》(*Poems on Slavery*),并在接下来的 20 年里持续资助废除奴隶制的活动、组织和寻求自由的奴隶,他还全力支持参议员查尔斯·萨姆纳(Charles Sumner)为终结奴隶制所做的立法努力。爱默生 19 年前就开始为反对奴隶制发表演讲。他利用自己参与创办的《大西洋月刊》(*The Atlantic*)推动这一事业,甚至欢迎废奴主义者约翰·布朗住到他位于康科德的家。

那天晚上，当人们看到哈里特·比彻·斯托（Harriet Beecher Stowe）出现阳台上时，他们开始挥舞着手帕，大喊着："斯托夫人！斯托夫人！斯托夫人！"她的脸（正如一份报道中说的）"因喜悦和兴奋泛着红光"，斯托夫人走向栏杆，朝人群鞠躬，当人群爆发出欢呼时，她拭去了流下的眼泪。大约 10 年前，她 18 个月大的儿子死于霍乱，斯托夫人受到此事刺激，写下了《汤姆叔叔的小屋》(The Uncle Tom's Cabin)，这本书之后成为废奴事业中最有影响力的一本书。

支持废奴主义的新闻记者威廉·劳埃德·加里森（William Lloyd Garrison）当时也在阳台上。32 年前，他创办了《解放者报》(The Liberator)。这份周报发挥了废奴运动社区公告板的作用。他的第一期杂志清晰而响亮地申明了它的使命："我不会含糊其词，我不会找借口，我不会后退一寸，我要我的声音被听到。"到了 19 世纪 60 年代，《解放者报》出现在了州议会大厦、州长官邸、国会办公室，最终还出现在了白宫。在担任编辑期间，加里森曾遭到暴徒袭击，在多地法院被起诉，被上流社会避之唯恐不及。

但那天在波士顿音乐厅，到处洋溢着欢庆的气氛。爱默生朗诵了一首为这次庆典创作的诗。一整支唱诗班唱起了门德尔松的《赞美诗》和亨德尔的《哈利路亚》。

就在位于同一街区的特里蒙寺浸信会教堂，威廉·库珀·内尔（William Cooper Nell）主持了另一场庆祝活动。他在活动上宣告:"从大西洋到太平洋,再也没有挥舞着鞭子的暴君,也再不会有戴着锁链的奴隶。"大约 40 年前,在他父亲的帮助下,马萨诸塞州有色人种协会得以成立。20 年后,内尔追随父亲的脚步,帮助成立了新英格兰自由协会,帮助逃奴,反抗《逃亡奴隶法》。查尔斯·班尼特·雷(Charles Bennett Ray)牧师当时也在教堂里。作为"地下逃亡线"(the Underground Railroad)的发起人和另一份废奴主义报纸《有色美国人》(*The Colored American*)的编辑,他在 30 年前就加入了这项事业。

当晚最后一位演讲者是弗雷德里克·道格拉斯(Frederick Douglas)。24 年前,他摆脱了奴隶身份。在随后的几十年里,他成为世界知名的传道者,担任了多个废奴运动联盟的领导者、《解放者》的撰稿人,创办了自己的报纸《北极星》(*The North Star*)。他还写了一本畅销书,讲述了自己被奴役的时光。同时,他也是多位政治家的说客,其中包括亚伯拉罕·林肯总统。他当晚的演讲不时被人群热情的"阿门"和"上帝保佑"所打断。他说,美国的"黑暗时代"已经迎来了"光明的黎明"!

人们往电报局跑了一趟又一趟,想知道公告是否真的发布了。"8 点、9 点、10 点过去了,"道格拉斯后来在报道中说,"仍然没有消息。"一些人担心林肯会违背他的诺言。这时有人跑了进来,喊道:"来了!公告正在发布!"不久之后,有人大声念道:"我下令并宣布,所有被囚禁为奴隶的人……从此自由了。"

人群一瞬间陷入了疯狂。道格拉斯后来形容这是一个"疯狂而宏大"的场面。人们把帽子抛向空中。运动内部的宿敌们拥抱在一起。道格拉斯的朋友开始唱起了他最喜欢的赞美诗，人群也加入了进来："让响亮的鼓声传遍埃及黑暗的大海，耶和华胜利了，他的人民自由了！"当他们在午夜被请出礼堂时，人群走向第十二浸礼会教堂。这个教堂曾被称为"逃亡奴隶教堂"，因为它长期以来一直是波士顿地下逃亡线的枢纽。庆祝活动一直持续到了黎明。这些废奴主义者几十年的努力终于得到了回报，他们为人类赢得了胜利。

我们经常听到"事情就是这样"——什么都没有改变，我们也无能为力。这是不对的。1863年新年夜在波士顿发生的事情表明，如果你承诺了一件事，只要你坚持多年不断地去推动它，把你所有的才能都奉献给它，击退了诱惑、不确定性、疲惫和其他所有能瓦解你的意志、阻碍你继续前进的威胁，你就有可能取得胜利。我们有理由相信，如果我们也投身于时代的召唤，如果我们也努力成为长期英雄，为期待已久的胜利而举办的庆祝活动，也在未来等待着我们。

好莱坞的屠龙故事

我们大多数人都想投身于一些比自己更重要的事业。这是我们青春时代的浪漫憧憬：做一个英雄，为一项事业而奋斗，去"有所成就"；抛开一成不变的单调生活，去为了一个崇高的目标而冒险。这种冲动可以引导我们在无限浏览模式和非自愿承诺之间找到第三条人生道路。这是一条自愿承诺的道路：选择一个房间，离开走廊，在解放自己之后投入自己，在浏览之后做出承诺。

但我们常常把这种承诺与某个重大的英勇瞬间联系在一起。好莱坞在电影中用屠龙的情节来挑战我们的献身精神。尽管人们普遍认为年轻人以自我为中心，但我认为，只要我们需要对抗的龙在某个时刻出现在面前，当代年轻人时刻准备着为比我们自己更伟大的目标而战。如果入侵者进入我们的家中，我们会为保卫我们的家人而战；如果一个偏执狂出现在我们的店里，我们会把他赶出去；如果为解决各种难题组织的大游行发出号召，我们会立刻走上街头，加入其中。

也许你看过美国广播公司约翰·基尼奥内斯（John Quiñones）的热门节目《你会怎么做？》（*What Would You Do？*）。节目组在一些熟食店、餐馆或街角设置了一些隐藏的摄像机，然后安排演员们表演一些道德上令人担忧的场景，以测试毫不知情的路人的反应。有时演员会扮演一个未成年的孩子，让你帮他们买酒或香烟；有时他们会扮演种族歧视的女服务员；有时他们会扮演在杂货店排队结账时缺钱的饥饿家庭。当你看着旁观者纠结于是否要伸出援手时，你会思考这样一个问题："如果遇到类似的情况，我会怎么做？"

这就是我想用"好莱坞的屠龙故事"传达的意思——关于

"你会怎么做?"的英雄主义。当你的承诺发挥作用时,你要通过行动激活你的自愿承诺。就像莎士比亚在台词中说的,"有些人天生伟大,有些人成就伟大,有些人是被伟大强加于身"。我们已经为最后一个选项做好了准备:如果我们看到恶龙,我们就会去杀死它。

如果需要的只是站在志同道合的人群中高呼"总统先生,我反对你!",然后收获大家的掌声,我们都能成为骑士,但这样的英勇根本没有什么价值。在登录推特一段时间后你会发现,它就是一个让你每小时都能屠龙的机器。它让屠龙变得如此简单,显示出努力是多么徒劳。好莱坞的屠龙故事太廉价了。

真正的屠龙勇士

与好莱坞的屠龙故事完全不一样,真正的变革需要很长时间:建立一段关系需要很长时间,修复破裂的关系也需要很长时间;建立社区(把陌生人变成邻居,把住处变成家乡)需要很长时间,弥合社区分歧也是如此;建立制度需要很长时间,恢复被破坏的制度也需要很长时间 —— 从来没有一张完美的蓝图能让你快速得到你想要的结果。变革的过程是缓慢而自然的,而不是快速而机械的。

政治变革需要的时间尤其长。正如马克斯·韦伯(Max Weber)所描述的那样:"政治就像是大力而缓慢地钻一块坚硬的木板。"从"不可想象"到"可以想一想但太偏激"到"有争议"到"流行"再到"共识"是一段艰难的过程。这让人不禁想起那句古老的颂歌："一开始他们无视你,然后他们嘲笑你,然后他们对抗你,最后你赢了。"每个阶段都会持续一段时间。

真正的龙阻碍了这些目标（与特定的想法、人、手艺和社区建立并维持这些关系）的实现,它们和你在电影中看到的龙完全不同。它们更狡猾,更可怕。第一条真正的龙是恐惧。恐惧是阻止我们做出这些承诺的首要因素,其中包括：对后悔的恐惧——如果我们承诺了一件事,我们之后会后悔没有承诺做其他事情；对关系的恐惧——如果我们承诺了某件事,我们很容易受到这种承诺给我们的身份、声誉和控制感带来的混乱的影响；对错过的恐惧——如果我们承诺做某事,随之而来的责任将阻止我们去做其他事、去其他地方、和其他人在一起。

阻碍我们前进的不仅仅是对做出承诺的恐惧,还有威胁着承诺的因素。这些真正的龙看起来并不像卡通片里的坏人,而更多的是日常生活中的无聊、分心和不确定性,它们会削弱我们长期致力于一项事业的能力。

如果这些是真正的龙,那么真正的屠龙者就是那些用很长一段时间做出了改变的人。他们是长期英雄,他们克服了对持续承诺的恐惧,击退了威胁。他们的承诺可能会在一个重要时刻达到高潮,比如《解放黑人奴隶宣言》的颁布——这是成千上万个小人物共同努力的结果。改革家雅各布·里斯（Jacob Riis）是这样描述的："看着一个石匠在岩石上敲了一百下，也许连一条裂缝都没有。但到了第一百零一击，它就会裂成两半。我知道这不是最后一击的结果，之前每一次敲击都有用。"

民谣歌手皮特·西格（Pete Seeger）则将它比喻为跷跷板。跷跷板一端被巨石压得结结实实。跷跷板的另一端有一个空篮子。一小群人耐心地往篮子里装沙子，每次一茶匙。围观的人群发出嘲笑，因为跷跷板纹丝不动。但总有一天，整个跷跷板会翻过来。不是轻微的晃动，而是彻底地翻转过来。人们会问："这一切怎么突然发生了？"答案当然是这些年来所有一茶匙一茶匙倒在篮子里的沙子。

历史上的长期英雄

历史上充满了全情投入的人，他们不相信什么都不会改变，但他们也明白改变发生需要很长时间。匈牙利医生伊格纳兹·塞麦尔维斯（Ignaz Semmelweis）发现洗手可以防止疾病，他花了 20 年的时间传播并推广这一发现。因为他坚持传播他的发现，他被忽视，被解雇，被骚扰，被称为极端主义者，但最终成为公共卫生领域的标志性人物之一。如今，一所大学、一家医院、一枚硬币，甚至一颗行星都是以他的名字命名的。

想想吉米·卡特（Jimmy Carter）总统和麦地那龙线虫的故事。卡特在人生的前 50 年一直渴望获得更高职位，但他在

1980 年 11 月再次竞选总统失败后,他的希望破灭了。他本可以退休,利用他的名气赚钱,对公众生活再也不闻不问。但他并没有这样做,他为了一些简单的原因,走上了一条漫长的道路。一个原因是消灭麦地那龙线虫病。这种病每年感染 350 万人,为病人造成了巨大痛苦,加剧了全球贫困。这不是一项引人注目的事业,也不会立即成为头条新闻,但这种可怕的疾病是可以治疗的。现在,因为卡特中心的努力,世界上该病病例数已经降到每年不足 50 例。当被问及晚年的希望时,90 多岁的卡特回答说:"我希望在去世之前,看到麦地那龙线虫被彻底消灭。"

或者想一想为妇女参政而长期努力的人们。1848 年 7 月,纽约少女夏洛特·伍德沃德·皮尔斯(Charlotte Woodward Pierce)和 6 个朋友乘马车参加了赛尼卡福尔斯会议(Seneca Falls Convention),当时这是美国有史以来举行的最重要的妇女权利大会。大会上最受争议的话题是该组织是否应该提倡妇女投票权。想想看,在这个国家最激进的女权主义者的集会上,妇女投票权的想法甚至也是争议的焦点!然而,包括皮尔斯在内的与会者承诺要一起投身于争取妇女选举权的漫长道路。经过 72 年的努力,几十个组织、数百种书籍和报纸、数千场运动、数万次游行、数十万封信和数百万次有说服力的演讲,让这个曾经不可思议的想法变成了法律。在《宪法第十九修正案》通过时,当年在大会上与皮尔斯一起在《感伤宣言》(Declaration of Sentiments)上签字的人都已经离开了人世。皮尔斯是唯一一个活着看到她和她的同志们的承诺达到高潮的人。改变需要时间,但它最终会发生。

仔细观察任何一个地方,你都能发现助力地方建设的长期英雄。20 世纪 20 年代,尼娜·奥特罗-沃伦(Nina Otero-Warren)是新墨西哥州圣达菲县公立学校的负责人,她在任期间把全部精力都献给了提高农村西班牙裔与原住民学生教育水平的工作。她修复了破旧的校舍,提高了教师工资,开展了一个高中和成人学习项目,并向联邦政府施压,要求为原住民学生教育提供更多的资金。她推动圣达菲的中小学转变成为兼容三种文化的教育机构,将原住民和西班牙的艺术、工艺、文学和实践融入当地课程。她加入各种董事会和妇女组织,在圣达菲的各种利益团体和派系之间进行调解,并积极参与圣达菲和陶斯的历史建筑保护工作。她甚至在一份全国性的杂志上撰文,介绍美国西南部的美丽风光,向全国宣传她所在地区的文化和环境。奥特罗·沃伦的生活中没有任何引人遐想的戏剧性时刻,只有为改善社区始终如一的努力。在我们国家的历史上,有成千上万个奥特罗·沃伦。

除了废奴运动,为了黑人自由而奋斗还涉及其他一系列的长期努力。1892 年春天,艾达·B. 威尔斯(Ida B. Wells)的一个朋友被私刑处死后,她开始系统地调查私刑问题。那年秋天,她出版了一本名为《南方恐怖:各个时期的私刑法》(*Southern Horrors: Lynch Law in All Its Phases*)的小册子。这本书出版后,为获得支持者,威尔斯开始在英国和美国各地巡回演讲。

在巡回演讲期间，她一直在调查私刑，以增加她的论据。1895年《红色记录：美国私刑的表格统计和所谓原因》（A Red Record: Tabulated Statistics and Alleged Causes of Lynchings in the United States）一书出版，让这项工作达到了顶峰。这本书也是美国第一批现代数据新闻之一。在整个运动过程中，她努力让北方和外国投资者认识到私刑这种无政府主义的行为严重威胁经济发展，鼓励他们通过抵制南方来避免风险，直至反私刑立法通过。

威尔斯不仅在与反对者对抗，同时还在向盟友施压。她积极推动新成立的全国有色人种协进会（NAACP）将反私刑立法作为一项优先政策。当该组织没有采取足够的行动时，她就与该组织分道扬镳了。在 20 世纪 20 年代末，她厌倦了仅从外部游说政府官员，于是自己参加了伊利诺伊州参议员选举。当她年事已高，无法再像以前那样狂热地投身组织工作时，她用全部精力撰写了一部非常有教育意义的自传，教导年轻人如何去斗争。

在她的第一本小册子出版 25 年后，国会终于开始讨论反私刑立法。3 年后，总统站出来表示支持这项立法。整个 20 世纪 20 年代，随着地方和州政府更加重视这一问题，私刑数量大幅减少。经过几十年的写作、研究、演讲、旅行、调查、寻找相关数据、尝试不同的途径、向各种友好和不友好的人施压，并在多条战线上发起运动，威尔斯最终赢得了胜利。

我们都能记起马丁·路德·金生命中戏剧化的屠龙时刻，比如他标志性的演讲和战斗的时刻,但我们不知道这些时刻之外他付出的漫长努力。在关于蒙哥马利巴士抵制运动的回忆录《迈向自由》(Stride towards Freedom)中,金明确表示,在赢得社区信任、加入当地组织、召开会议形成联盟、策划高效的公众集会等平凡工作上,他花费了海量时间。

我们常常忘记,金第一次来到蒙哥马利,是因为他承诺在当地的浸信会担任牧师。在回忆录的开头,他讲述了组建教会委员会时那些不那么激动人心的工作,包括组建宗教教育委员会、社会服务委员会、奖学金筹款委员会和文化委员会等。他写道,早年在蒙哥马利,他的大部分时间都用在了主持婚礼和葬礼、准备每周的礼拜、看望病人和参加各种教堂规划会议上。他在书中说:"我几乎每周都要参加五到十次这样的小组会议,我的大部分傍晚都是这样度过的。"

为什么人们会信任马丁·路德·金,让他领导这场抵制运动呢?因为之前的几个月里,他认真地参加了当地各种组织的会议。他首先加入了 NAACP 在当地的分支机构,并帮助他们筹集资金。然后他加入了亚拉巴马人际关系委员会(the Alabama Council on Human Relations),这是一个由牧师组成的以帮助亚拉巴马州争取种族平等为宗旨的跨种族团体。之后,他开始参加公民协调委员会(Citizens Coordinating Committee)的会议,该组织是为了在地方领导人之间建立共识而成立的。"罗莎·帕克斯坐下了,社区站了起来",我们听到的故事省略掉了最重要的部分——帕克斯、金和数百名致力于黑人民权运动的人在抵制行动开始之前，已经为支持当地组织工作了很长时间。帕克斯英雄的反抗行为就像是一点星火，如果没有长时间积聚的火绒，不可能形成燎原之势。

  这里列举的工作，还不包括为建立各类组织召开的会议，这些组织最终成为协调机构，用来主持开展抗议活动的会议。马丁·路德·金在德克斯特大道浸信会教堂的会众之所以会参与政治活动，唯一的原因是该教堂的前任牧师弗农·约翰斯（Vernon Johns）多年来一直在组织和引导他们。马丁·路德·金能够调动女性政治委员会的唯一原因是 9 年前 41 名女性共同成立了这个委员会。国际砖瓦工人联盟在当地的分支机构为金提供了办公空间，而他们能够这样做的唯一原因是当地的砖瓦工人在过去 40 年里建造并维护了当地的工会礼堂。尽管罗莎·帕克斯在人们的记忆中是屠龙者，但她同时也是一位长期英雄：当她被捕时，她已经担任全国有色人种协进会蒙哥马利分会的秘书长 10 年之久。

  这次巴士抵制运动持续了 381 天。对戏剧性事件的激烈反应只能让人们的行动持续一周，而一项维持 13 个月的运动，需要比情绪反应更深层的东西——承诺。这让我想起了民权运动组织者埃拉·贝克（Ella Baker）在 20 世纪 40 年代给她的团队总部写的一份报告："我现在必须离开，去参加一个小型的教堂晚间会议，这通常比那些立刻就能得到回报的活动更累，但这是在为未来打基础，所以还是要办。"用基础工作为未来行动做准备，这就是长期英雄主义的全部意义。

在 20 世纪五六十年代，一个人可能会被派到一个新城市，帮助推动民权运动。"运动"资深人士多丽丝·克伦肖（Doris Crenshaw）回忆说，除了一个赞助他们的家庭，他们在新城市不认识任何人。基础工作从那时就开始了，通过一次又一次会议，为运动增加一点力量。进步会给人继续前进的能量。她说："哪怕一次只争取到两个人，就多两个人参与其中。"这就是开始时的情况。"耶稣只有十二个门徒。你只需要继续前进……这不是短跑，而是马拉松。"

我曾经参观过民权运动传奇烈士梅德加·埃弗斯（Medgar Evers）的故居。故居前面的牌子上写着："在梅德加成为密西西比第一位 NAACP 的地方联络员之后，梅德加和梅尔莉·埃弗斯（Myrlie Evers）带着他们的孩子达雷尔（Darrell）和里纳（Reena）在 1955 年搬入此处……1963 年 6 月 12 日午夜时分，他在参加完会议回家时，在车道上被暗杀了。"

我们被告知，埃弗斯之所以如此勇敢、之所以成为英雄，是因为他是为了自己的事业而牺牲的。但我们不能忽视说明牌上的最后一句：埃弗斯是在"开会回来"时被杀的。将你的生命奉献给一项事业是高尚的，但将生命中的每一天都奉献给它更为高尚。

第六章　全情投入：反主流文化者的辨识度

我曾经在一家酒吧看到一个牌子，上面写着："有罪：由犹太人发明，由天主教徒完善。"这句话可以说是我们家的家徽。我是天主教徒和犹太人的后代，他们非常重视"被牵连"的想法。今天，牵连和有罪已经成了同义词，但它有一个更古老的定义："揽入"或"缠绕"。有时，在我的家庭中，这种被牵连的感觉会以现代的负罪感的形式出现，即一直担心自己是否在伤害他人。不过大多数时候，我们并没有如此神经质，只是表现为对周围和世界各地的人的一种责任感。从最崇高的层次上讲，这种感觉恰如伟大的拉比亚伯拉罕·约书亚·赫歇尔（Abraham Joshua Heschel）所说的："对邪恶的冷漠比邪恶本身更糟糕。在一个自由的社会里，有些人是有罪的，但所有人都有责任。"

我的外祖母克拉拉·列维·格宾斯（Clara Lewe Gubbins）是在她位于伊利诺伊州的社区居住时间最长的居民。20 世纪 20 年代到 21 世纪初，她在河畔镇生活了 80 年，只在大学时代和二战时期短暂离开过。在这里，她养育了 7 个孩子，把一生都献给了当地的天主教教区、民间团体和本地民主党组织。作为有几十年历史的圣母军成员，她曾数百次到有需要的邻居家访问。在埃莉诺·罗斯福（Eleanor Roosevelt）的鼓舞下，她给当选官员写了数百封信，表达她的赞扬、批评和建议。

她的父亲约翰·C. 列维（John C. Lewe）是一名法官，也是镇上的公民领袖。我的家人找到了一封他在 20 世纪 50 年代末写给女儿的信，信中他表达了对人们过于"专注于他们的琐事"，而对公共事务漠不关心的担忧。他写道："政府不是'他们'，而是'我们'，我们所有人都必须发挥自己的作用。"他在书中用好几段话谴责麦卡锡主义毁掉了"富兰克林·罗斯福的所有主张"，然后在结尾写道："如果你的邻居不同意你的观点，不要生气。试着和他们讲道理，但在任何情况下都要保持耐心、宽容和友好。最终你会赢得他们的尊重。"

地方意识、献身于政治价值、坚定不移的睦邻友好，我的母亲继承了这些品质。在她的职业生涯中，她一直在为儿童和学生争取权益，她同时还维护着一个被我和妹妹称为"工厂"的家——我家的各种礼物项目从来没有停止过。妈妈每时每刻都在忙碌，给婴儿织帽子，给学校做美术用品，给困难的同事做巧克力蛋糕，从报纸上剪下她认为我们可能会感兴趣的新闻和她知道我们的朋友会喜欢的诗歌，所有时间都被用到了极致。她拥有一种现在越来越罕见的品质，既是直言不讳的政治家，又是富有同情心的倾听者。即使邻居不认同她大力宣传的观点，也无法抗拒她敞开的心胸和富有同情心的倾听。

我的父亲是犹太移民的儿子，在匹兹堡东区长大。艾玛·考夫曼夏令营（Emma Kaufmann Camp）是他最快乐的童年回忆。这是一个由当地百货公司巨头创办的夏令营，帮助贫穷的城市犹太孩子到野外呼吸新鲜空气。为了回到这个营地，我的父亲花了十多年的时间。开始是去露营，然后做了"厨房帮工"和营地顾问，最后成为营地的自然指导。夏令营的负责人都是社会工作者，所以他也想学习社会工作。他在1960年进入安提阿学院时，最初学的是社会学，这是最接近"社会工作"的专业。

60年代初去安提阿学院上学是一种独特的公民体验。用学院院长的话来说，学生群体引以为傲的是"愿意冒挑战传统的风险，这样他们才有机会在人道主义事业和解决人类问题的过程中发挥领导作用"。这所学校的校训源自其创始人霍勒斯·曼（Horace Mann），它清楚地表达了人们对安提阿毕业生的期望："在你为人类赢得一些胜利之前，没脸去死。"最重要的是，我父亲毕业时的演讲嘉宾是马丁·路德·金［他的妻子科雷塔·斯科特（Coretta Scott）是安提阿校友］。他在演讲中呼吁安提阿学院1965届毕业生"培养一种世界视角"和对不公正的"神之不满"。

有一次，我找到了我父亲刚毕业时写的一封信，他说他的人生目标是"能够为解决 20 世纪的人类危机做出一点点贡献"。本着马丁·路德·金培养"世界视角"的号召，他成为一名积极的人类学家，花了半个世纪的时间创建非营利组织、主持会议、撰写书籍和报告、联系各种组织，并在权力机构内部积极开展斗争，帮助原住民社区发出更大声音。10 年前他去世时，吊唁信如潮水般涌来。因为很多人在信中用"不屈不挠"（indefatigable）这个词形容他，我还专门去查了查这个词的具体含义。但在我的成长过程中，我对父亲这份工作的认识只是 20 年来我看到的父亲每天僧侣般的生活：他每天早上在同一时间醒来，吃同样的全麦麦片；他手里拿着笔，一页页地翻着报告，在重要的部分划线，在空白处潦草地做笔记；他去世界任何地方旅行时都用一模一样的方式整理衣服。在我理解父亲工作的内容之前，我只知道这份工作十分稳定。

我是在弗吉尼亚州一个名叫福尔斯彻奇的小镇上长大的，这是一个非常有特色的地方。它的学校体系规模不大，公民生活十分丰富，特别是针对孩子的活动很多。比如：男女童子军、地球观察行动、每周六上午的青少年足球和棒球联赛、每周四早晨出现在家家户户门口的《福尔斯彻奇新闻》、10 月的秋季庆典、5 月的阵亡将士纪念日游行等。镇上每一个受人喜爱的团体背后都有一个为之全情投入的人。霍华德·赫尔曼（Howard Herman）管理着每周的农产品集市；尼基（Nikki）和埃德·亨德森（Ed Henderson）负责每年一次的布鲁斯音乐节；尼克·本顿（Nick Benton）维持着《福尔斯彻奇新闻》的运转；巴布·克拉姆（Barb Cram）管理着当地的艺术展；苏·约翰（Sue John）管理着幼儿园。

安妮特·米尔斯（Annette Mills）和戴夫·埃克特（Dave Eckert）是我们社区的超级公民。安妮特设法将我们镇上的小型垃圾回收和防止乱丢垃圾项目变成了一个有趣的社区活动，既有学校俱乐部、野餐活动，也有专属T恤。我们数百个孩子都参加过这一活动。戴夫是一个个体公民活动孵化器，他帮助创建了一个又一个地方机构和活动，比如城市河流管理部门、新年前夜在镇中心举办街区派对、福尔斯彻奇黑人历史街头庆祝活动。安妮特和戴夫是吸引人们深入了解社区的大师：安妮特会在清理垃圾的过程中讲述当地历史故事；戴夫会制作关于流经小镇的溪流的纪录片，让我们更加关注福尔斯彻奇的自然世界。

戴夫对我们镇的承诺实际上开始于一个很小的事件，事关镇中心的一小块土地。30年前，戴夫听说有一小片有小溪流过的树林可能会被卖给私人开发商，于是他直接找到媒体并与福尔斯彻奇林业委员会大吵了一架。他主张将这片土地建成公园。他后来承认："我从来没有参与过这种类型的社区倡议活动，做得有点过火了。"用戴夫的话说，镇领导"向他做出了解释"并给他提出了一个挑战："如果你真的想要做点什么，你需要加入我们、帮助我们，而不是告诉我们去做什么。"

他接受了建议，加入了当地的村庄保护与改善协会（VPIS）。很快，戴夫拯救这一小块土地的微型行动就开始了。通过 VPIS，戴夫开始接触农贸市场的摊位安排、系列家庭音乐会等其他社区改善项目。他回忆说："当时我什么其他想法都没有，完全乐在其中。"

安妮特说，她和丈夫能一直坚持下来的秘诀是"社会参与"。她强调，如果你的义务劳动没能建立人际关系，那就无法坚持下来。安妮特说，她的社会项目就像是滚雪球——因为她设计了这些项目，而邻居们通过他们在项目中的工作增进了了解。例如，她不是简单地要求市政府种更多的树，而是在镇上发起了一个社区植树计划，让邻居们可以一起种树。在这个过程中，社区的纽带得到了强化。戴夫插话说，当你把人们聚在一起并能从中获得乐趣时，大家的承诺会帮助你"自我激励"。社区工作让他们的生命有了更大的意义。安妮特说："我希望在死前可以说，我尽我所能为所有人推动了这个社会和这个世界向更好的方向发展。"

在 21 世纪初，安妮特和戴夫从镇上搬走了，但他们创立的许多项目仍在运行。在写这本书时，我在休息时间会到我家附近的一个很棒的公园去散步，寻找灵感。这个休闲公园是戴夫和安妮特全情投入结出的硕果之一——一片被保留下来的树林和一条小溪。

在长大之后，我也常被这样善于承诺践诺的人吸引。在大学期间，我找到了一些长期英雄作为自己的导师，他们是半个世纪以来一直与公司权力滥用做斗争的好战的活动人士，研究美国社会趋势数十年的古怪的社会科学家，多年默默无闻、努力阐明理解社会新方式的顽固的哲学家。

文化对忠诚越贬低，全情投入的人就越吸引我，比如一个多年来每个周一晚上都在街上的酒吧里为常客演奏乡村歌曲的奇怪男人，一位让自己认识的每个人都加入了当地收容所志愿队伍的邻居，一位坚持去看望他年迈朋友们的同学，一位延续家族传统的同事等。我开始观察那些最能让我活跃起来的事情：老朋友和老地方，节日仪式和永不过时的内部笑话，温馨的书籍和钢琴演奏的老歌，所有这些都源于承诺。

我还注意到，当人们谈论他们尊敬的人时，通常是因为这个人全情投入一件事上的行为。一位全心投入班卓琴、编剧或木工活上的邻居，一对在某个地方扎根并建立家庭的夫妻，一个为经营农场、成为牧师或学习巴西柔术而加倍努力的朋友。他们的行为赢得了人们由衷的赞赏，每个人都不禁感叹"哇，他真的很努力"。有时，一个大家都不喜欢的人也能让每个人都不得不尊敬他。"我受不了他，但你不能否认他是一个真正的艺术家；他很难沟通，但你必须尊重他对竞选工作的投入；我不喜欢他的观点，但他是个尽职的父亲。"这就是承诺的力量。

我收集了大量这样的例子，也注意到我们的文化更加倾向于相反的方向。于是，我开始将这些在当下流动的世界中坚定不移的人看作反主流文化的象征。他们抵制住了无限浏览的诱惑，开辟了另一种人生道路。

这种反叛有很多途径，因为有很多的事业可以让一个人去做出承诺。你不必成为艾达·B. 威尔斯或梅德加·埃弗斯那样的战士，不必成为像安妮特·米尔斯或戴夫·埃克特那样的社区之星，也可以加入这个队伍中来。只要是你愿意一心一意投入其中的，都可以成为你的事业。它们可以是一门手艺或一个项目、一个地方或一个群体、一个机构或一些需要我们去关注的人。如果你想在这种与承诺相关的反主流文化中找到适合自己的位置，你会很高兴地发现有很多选择——不能不说这有点讽刺。

公　民

1983 年，还在法学院读书的埃文·沃尔夫森（Evan Wolfson）完成了他的三年级论文，主题是同性婚姻是宪法赋予的权利。当时，因为这个理念太过激进，甚至没能赢得同性恋群体的广泛支持。在 20 世纪 80 年代早期，大多数同性恋维权律师只是在争取基本的法律保护，比如不因是同性恋者而被驱逐或解雇的自由。

但沃尔夫森开始了自己的斗争。他用 10 年时间帮助说服众多同性恋权利组织发起了一场婚姻平权运动，然后又用了 10 年让一个州全面承认同性婚姻，然后又用了 10 年一个州一个州地在全国推动普及同性婚姻。经过 32 年的斗争，沃尔夫森见证了最高法院宣布全美同性婚姻合法化。从最不重要的法律文书（一篇法学院学生论文）到最重要的法律文书（一份最高法院决议），他将自己的想法变成现实的道路是曲折的。这一刻，他赢得了一场胜算渺茫的官司，夏威夷同性婚姻正式合法化；下一刻，他就在对抗全国的反对浪潮。今天，当他为一项婚姻策略寻求支持时，被其他活动家拒绝；紧接着，他创立了"结婚自由"运动，这是一项资金充足的运动，目的是在各州为婚姻权利而战。

当有人让他感到恼怒，或者遇到"太胆小或太难说服"的人时，埃文会去读历史。林肯、甘地、马丁·路德·金的经历，妇女选举权运动史，废奴运动史甚至古代历史，阅读这些史料，了解过去的斗争历程，都能给他带来极大安慰。

他说："你必须相信你能赢。你必须相信变革一定会发生，你要调整好自己的节奏，保持耐心，同时保持定力。"

几十年风雨兼程，沃尔夫森很少流泪。他以简洁、坚忍和律师气质著称。但在 2015 年 6 月，当他走到办公桌前阅读奥贝格费尔（Obergefell）案[①]的判决书时，"眼泪流了下来"。他读着读着，记忆如潮水般涌上心头："每一段都让我想起我与某人辩论的场景，想起曾经并肩作战而现在已经去世的同事，想起在某一年某个州的一次活动。"

---

① 奥贝格费尔案，2015 年 6 月 26 日美国联邦最高法院做出的一个判例，在美国具有划时代意义，是同性婚姻在全美合法化的一个里程碑。——译者注

2016年，在30年的不懈努力最终取得成功后，埃文·沃尔夫森解散了他的组织。埃文坚持认为："一场运动是为了一个目标而实施的一项策略。"当目标实现时，运动就结束了。他很好地提醒了我们，改变并不总是人与一个不变的状况之间没有尽头的悲剧关系，它也可以是为了实现终极目标而实施的一项有终止时间的策略。战胜一个挑战确实需要时间，有时甚至需要32年，但这并不意味着没有尽头。

致力于一项事业，这是长期英雄主义中最具辨识度的一种形式。这是作为公民的职责——以社会的前途命运为己任，努力推动社会朝着他们认为对社会有利的方向发展。公民们把愿景与第一步行动——将崇高理想与推动社区和机构朝着理想中的方向前进的具体行动——结合在了一起。在获得成功之后，"致力于一项事业"说起来很轻松，但一路走来却充满了艰辛。我们将那些实现了奋斗目标的人称为"英雄"，却把那些正在为了一项事业而奋斗的人叫作"疯子"。

罗莉·沃洛克（Lori Wallach）是公众公民全球贸易观察项目（Public Citizen's Global Trade Watch）的创始人，因为她的主张，她曾被人们称为"疯子"，也曾被叫作"英雄"。20世纪90年代初，罗莉在华盛顿特区从事食品安全工作。她熟悉国会听证会的规则：一般是先提出一些保护食品安全的法规；一个温和派团体会作证说这项法规是有益的，一个行业组织会作证说这将是灾难性的，会"终结所有商业活动"；此时，罗莉会宣布这个法案还不够成熟。但是有一天,在讨论一项关于农药的法案时,情况有些不同。

温和派说:"这个法案差不多是正确的。"

罗莉站起来说:"这个法案还不够好。"

然而代表农药制造企业的说客站了起来,并没有说"如果法案通过,将是世界末日"。相反,他说:"你们不能通过这个法案。根据食品法典(the Codex Alimentarius)的规定,这是非法的。如果你想这样做,就必须把它写进多边贸易协定。"

那个人到底在说什么胡话?罗莉当时想,他怕不是中午喝多了。但当她在查阅食品法典时,发现它是国际贸易协议中农药标准的一部分。这位企业说客是对的:如果不对国际协议进行重新探讨,国会就无法修改法案。

几个月后,在一场肉类听证会上发生同样的事。

国家牛肉协会的人说,根据北美自由贸易协定,国会不能要求在肉类商品上标注"原产国"。

罗莉回忆说:"这就像上次听证会上暴露的神经遭到了第二次打击。"她感到事情有些不对劲。

她解释说:"我的工作是负责食品安全,当我被安排在前门,站在那里观察是否有可疑人物走过时,发现居然还有一个后门。我当时并不知道'后门'到底是什么,但它和贸易有关。"

从25年前的那一刻,罗莉开启了了解和监督国际贸易协定中企业不法行为的长期斗争之路。她说,需要有人"解读所有技术上的疯狂之处，那就是我"。一开始，罗莉对当时的外交政策知之甚少，不过在贸易战争中的公共利益方面，也几乎没人知道发生了什么。罗莉毕业于法学院，有足够的分析能力去深入研究复杂的文本，并解读它们。罗莉解释说，这并不容易，全球贸易协定似乎是"故意让人难以理解的法律文本"。对方可以聘请几十个人解读法条，而她只有自己，至少一开始是这样。

但她还是一头扎了进去。她会把贸易协定中整个章节的内容（比如"卫生标准"）单独拿出来，仔细解读它们在食品安全、农药使用、肉类检验或标签等方面的含义，目的是让人们了解它会如何影响"你的厨房和餐桌、你的家人和孩子"。在接下来的几十年里，她就这样对一个又一个贸易协议进行了解读。

在20世纪90年代，罗莉遭到了众多权势集团的反对。她列举了一些自己受到过的批评："我们错了；我们是孤立主义者；我们是贸易保护主义者。"她惹毛了很多人，以至于当她登上一本重要的外交政策杂志封面时，该杂志两名理事会成员因此愤而辞职。在失去两张重要的国会选票后，她一度在工作时哭了起来。她觉得自己受够了，于是向自己的导师拉尔夫·纳德（Ralph Nader）求助。他告诉她要从长计议。

纳德说："现在，你就像是在一条窄巷里被公司势力这台压路机追逐。你要么躺下，让它从你身上碾过去；要么你就要继续思考，如何才能卡住它，把它顶翻，或把沙子扔进齿轮，让它停下来。一旦真正让它停下来，你才能开始扭转局面，赢得你想要的政策。"

从马来西亚的消费者联盟到印度的食品正义活动家再到乌拉圭的记者,罗莉和她的小型国际网络一直没有放弃。通过坚持不懈地收集证据,并拒绝相信强大利益集团的说辞,他们在对话中逐渐获得了一席之地。从前被称为"疯子"的他们,到了90年代末在主流辩论中已经开始被视为理性的批评者。到21世纪前10年,在罗莉开始抗争的20多年后,她和她的盟友终于有了阻止一项由企业推动的贸易协议的能力。在我和她交流时,罗莉已经在这条路上走了27年,她说她终于感到压路机停下来了。接下来,她将用另一个30年去实现新的目标:让压路机掉头。

爱国者

另一种形式的长期英雄主义是对一片土地和居住在这片土地上的人的承诺。做出这些承诺的人是爱国者。爱国主义在今天是一个令人忧虑的概念,由于滥用而出现了两极分化。政客们利用它通过新的法案或掩盖新的丑闻;挥舞爱国大旗的民族主义者用它迫使持不同政见者屈服。现在许多人认为这是一种肤浅的美德,是一种类似中场表演和游行彩旗的东西,而不是一种严肃的奉献精神。

但我们不应该这么快就放弃这种对乡土的热爱。我最喜欢的国庆歌曲是《我是爱国者》("I Am a Patriot")。这首歌最初是由 E 街乐队（E Street Band）的成员史蒂芬·范·赞特（Steven Van Zandt）创作的，副歌部分说明了什么是爱国主义。"我是一个爱国者，我爱我的国家，因为我的国家是我所知道的一切……我没有别的地方可去。"在这一对爱国主义的解读中，你爱你的国家并不是因为它是"最好的"；你爱你的国家，不是因为它特别伟大或公正，也不是因为你相信你的同胞比其他人更值得关心；你爱你的国家，是因为它是你的一部分，你了解它，你与它紧密相连。这种爱国主义与统治和排外无关，而是要把自己奉献给一片土地和它的人民。

这种爱国主义在地方层面上表现得更明显。热情的地方主义者比尔·考夫曼（Bill Kauffman）在书中形容美国小城镇和社区中"深刻的非帝国主义的爱国主义"不是"当电视屏幕上演炮火连天，人们坐在沙发上唱起《上帝保佑美国》（God Bless America）时的那种虚伪的爱国主义"，而是"对音乐、诗歌、土地、怪癖和共性、曲折的历史、傻瓜和杰出的堪萨斯人"的热爱。是爱国主义保护了异质性，让各种受人喜爱的地方都能一直繁荣下去，各自奇特的做事方式不会因为整体而被禁止，而是被[用西蒙娜·韦伊（Simone Weil）的话说]当作"具有无限价值的稀世珍宝和最纤弱的植物一样值得照料"。

但是爱国主义（甚至也包括地方爱国主义）不应该是静态的。正如哲学家理查德·罗蒂（Richard Rorty）所言，适当程度的爱国主义是促进变革的因素之一。他写道："民族自豪感之于国家，就像自尊之于个人，是自我完善的必要条件。"过于自尊会使人自大，但缺少自尊会让人很难"展示出道德上的勇气"，无力去调动资源和能量进行变革。他认为，这就是为什么在美国改革事业中的伟大作品，无论是林肯总统和马丁·路德·金的演讲还是《愤怒的葡萄》(*The Grapes of Wrath*) 和《丛林》(*The Jungle*)，其中的批评都带着一种对国家的真正关心，而不是对一项注定失败的事业的轻蔑嘲讽。没有真的融入一块土地，就很难去改变它。

在研究这种更深层次的爱国主义思想的人中，美国思想家温德尔·贝里（Wendell Berry）或许是最伟大的一个。贝里是一个农民，同时也是哲学家、活动家、小说家、散文家和诗人。他获得过国家人文奖章，并因为其在文化和环境方面的作品而备受赞誉。但关于贝里，最重要的是要知道他所做的一切，都是源自他的家乡，也是为了他的家乡——肯塔基州皇家港。

借用他的导师华莱士·斯特格纳（Wallace Stegner）发明的术语，贝里写道，世界上有两种人："婴儿潮一代"和"贴纸一代"。"婴儿潮一代"是移动的，为了抓住更多机会，从一个地方移动到另一个地方。最糟糕的情况是他们在金钱、财富和权力的驱使下，会"捞一把就跑"。而"贴纸一代"是"那些定居下来的人，他们热爱自己创造的生活和他们生活的地方。因为对一个地方及其生活的爱，他们想要保护它，并留在那里"。于是他们在情感的驱动下，选择扎下根来。

贝里哀叹说，现代文化提倡快速发展，而不是坚守。他承认，来自农村家庭的年轻人确实总是"去了城市，不再回来"。但是现在这种做法似乎成了"他们必须去做的事"，标准的人生就是离开家乡，不再回来。并且不只是在农村地区，全国各地的年轻人的人生目标都已经不再是继承父母的事业，而是要超越他们。他谴责说，这种文化教育我们为了"在一个与所在地或社区无关的临时未来"里赚钱，可以抛弃自己的家乡和社区。

在他的文章中，贝里与"婴儿潮一代"分享了"贴纸一代"的智慧：对一片土地的承诺不是对自身的限制，而是解放。评论家乔治·夏拉巴（George Scialabba）在评论贝里的哲学时写道，"婴儿潮一代"的生活是被抽象的、制度性的权威机构定义的，如大学、公司、职业、政府等。当你被困在"影子官僚主义"形成的"无形之网"中时，你将难以确定自己的定位、衡量自己的进步或在日常生活中培养感情。而"贴纸一代"是在和一套真实、具体而稳定的事物打交道，这些人、建筑、自然、文化构成了他们给出承诺的一方水土。他们不会一直担心"我做得怎么样"或者"我是在圈里还是圈外"，而是持续而缓慢地与邻居交好，熟悉环境、精进职业技能。

对一个地方的承诺，并不仅仅能让你看到你所在的世界一角的所有精彩细节。这种承诺能让你有时间去体会到整体性，即你所在地方全部的内在联系。"婴儿潮一代"不断地解剖和分析世界的不同元素。为管理他们所掌控的庞大社会体系，他们必须这样做。而另一方面,"贴纸一代"可以看到在他们所在一隅的一切是如何组合在一起的,即土地、气候、动植物、人、建筑、商业、传统等所有这些元素是如何相互作用的。当你能看到这种整体性时,你就能深层次地解决当地的问题。这种解决问题的方法并不是通过由数据驱动的一次性"治疗"完成的,而是通过修复受损的生态系统完成的。

贝里用一个美丽的比喻把他的地方主义哲学体现了出来。他回忆说,在他祖父的农场,篱笆桩上挂着一个旧水桶。它挂在那里很多年了。随着时间的推移,春天的雨、秋天的树叶、冬天的雪一层层地落在里面。松鼠把坚果搬了进去,一些老鼠偷吃了一些坚果,留下了果壳。一些叶子在桶里腐烂,一些昆虫飞进去并死在了里面。鸟儿在上面梳理自己,留下一两根羽毛。最后,桶底积累了几厘米厚的肥沃土壤。

贝里写道:"那只桶里发生的事是我所知道的最重大的事,也是我听说过的最伟大的奇迹——创造土壤。"

对贝里来说,稳定的社区就像这样一只水桶。它们收集穿越时空的故事;它们保存"记忆、方法和技能";它们积累知识和歌曲;它们确保本地的知识能够"在很长的时间里被记忆或记录、传承、思考、纠正、实践和完善";最终从"堆肥"中产生的是丰富的当地文化,是一片适合种植和收获的沃土。但这些并不是自动发生的。

贝里写道:"一个人类社区必须拥有一种向心力,把自己的土壤和记忆凝聚在一起。"今天，许多地方往往没有足够的人为之做出承诺，也就是说没有足够的爱国者献身成为创造当地文化的载体，许多地方文化和社区因此正在消失。

有些人认为贝里的观点只适用于一小部分怀旧的农民，但我认为他的观点适用于所有群体。表面上看，北卡罗来纳州达勒姆市议会的最新成员皮尔斯·弗里伦（Pierce Freelon）是一个与贝里截然不同的人：他住在大城市，不是小镇；他是黑人建筑师和爵士歌手的儿子，不是白人农民的儿子；他的工作领域是音乐和电影制作，不是散文和小说。但他和贝里一样，都是地方爱国主义者。

弗里伦一生都住在达勒姆。他记得年轻时，他也想要走出去，"看看外面还有什么"。有一段时间他确实离开了家乡，但他走过的地方越多，就越能体会到家乡的特别之处。他渐渐发现和他一起长大的人成为企业家和社区领袖。他开始深入了解达勒姆历史上的英雄：后来成为开创性的职业画家的前橄榄球运动员厄尼·巴恩斯（Ernie Barnes），影响了布朗诉教育委员会案判决结果的女权主义者和民权律师保利·默里（Pauli Murray），从佃农的孙子成长为 Vogue 编辑的安德烈·莱昂·塔利（André Leon Talley）。他再次爱上了这个陌生的城市，位于美国南方圣经带、充满进步氛围和创造力的家乡。

皮尔斯是一个才华横溢的艺术家，所以我问他，没有住在一个像布鲁克林或拉斯维加斯那样的年轻人乐于去获得"成功"的城市，是否曾感觉自己受到了限制。实际上，他写过一首关于这种感觉的歌，名字很贴切，就叫《布鲁克林》。在歌词中，他在与一个北卡罗来纳州的人谈恋爱，但在访问纽约时，他遇到了一个有趣、神秘、迷人的布鲁克林人，他受到了诱惑。但在这首歌的结尾，他无法停止对家乡"盖子上戳了孔的罐头瓶里的萤火虫""蓝天和飓风""玉米面包、鲶鱼和羽衣甘蓝"的思念。他逃到了布鲁克林，但他忘不了北卡罗来纳，所以他收拾行李回家了。

皮尔斯说他喜欢提醒他的艺术家同行，其他地方有更多的资源并不意味着这些资源都是你的。"坐15分钟地铁就能到达一个工厂，但门卫可能无论如何都不会让你进去"，这与一个你认识每个人的地方相比可能就相形见绌了。一个在资源相对不足的地方扎根的人完全可以去和一个在资源丰富的地方却没有任何根基的人正面竞争。皮尔斯的祖母有一句口头禅，"哪里种了花，哪里就开花"。皮尔斯认为这样的生活很舒服。所以，每当为是否会错过更大、更好的结果而焦躁不安时，皮尔斯就会提醒自己，那些焦虑的感觉（自己不够好、没有把事情做对、没有抓住所有的机会）与居住的地方无关。他强调说："这些东西不会因为你搬到一个不同的地方就自动消失，实现内心平和与人生成功的关键是清楚定义对自己来说什么是成功。"他告诫自己，要适可而止。我们"吃一顿由当地食材烹制的丰盛大餐，比在豪华餐厅吃饭更加享受"。

有些爱国者不是献身于某个具体的地点，而是献身于一个社群。佩吉·贝瑞希尔（Peggy Berryhill）5 岁时住在奥克兰的低收入廉租房里，她始终记得自己和爸爸一起观看《戴维·克罗克特》（Davy Crockett）时的情景。在一集节目中，这位戴着浣熊皮帽，曾激励成千上万和佩吉年龄相仿的孩子的著名拓荒者，与穆斯科格人（Muscogee）展开了一场战斗。佩吉和她的家人就是穆斯科格人。她记得穆斯科格人在节目里被描绘得有多可笑，他们"穿得像平原人一样，穿着带流苏的鹿皮，脸上涂着愚蠢的战争图案，梳着长长的辫子"。更糟糕的是，在这一集中，克罗克特在战斗中以一己之力击败了三四个穆斯科格人。就在那个时候，小佩吉做了一个决定："如果我这辈子能做点什么，那就是改变人们对印第安人的刻板印象。"

这就是佩吉在过去半个世纪里一直在做的事情。她花了几十年时间收集、制作和播放了数百小时的原住民采访录音，赢得了"原住民电台第一夫人"的称号。

20 世纪 70 年代初，加州伯克利的社区广播电台 KPFA 有一档专门报道原住民问题的广播节目，但并不活跃。当时还是学生记者的佩吉接手了这档节目。从弗雷斯诺市到里诺市，她到处采访，报道所有她能接触到的当地原住民社区事务。她的节目《印第安时间》（Living on Indian Time）很快就受到了当地原住民和非原住民听众的欢迎。在接下来的几十年里，佩吉的节目成为 20 世纪末原住民赋权运动浪潮中事实上的社群中心之一。她采访了很多活动家，如切罗基族领袖威尔玛·曼基勒（Wilma Mankiller）和波尼族律师约翰·埃可霍克（John Echohawk），向听众讲解为争取原住民公民权和民族自决权进行的各种积极斗争。她也采访普通人，展示原住民名人的多样性，比如奥奈达族喜剧演员查理·希尔（Charlie Hill）、克里族创作歌手巴菲·圣玛丽（Buffy Sainte-Marie）、苏族演员弗洛伊德·韦斯特曼（Floyd Westerman）。

佩吉曾问一位部落首领，5 年后将会在哪里见到原住民。（她笑着回忆，在她年轻的时候，感觉 5 年是一段很长的时间。）他回答说，他将会看到"印第安人拥有自己的银行和航空公司，印第安人基本上能做其他人能做的所有事，但它们都将按照本部族的原则，印第安化"。她还记得自己当时被这种以未来为导向的情绪深深吸引住了。她想在她的节目中体现这种精神：原住民文化不是凝结在琥珀里的标本，而是一种有着长久生命力的文化。这是真正的爱国者所做的，他们不会坚守对一个社群的僵化定义，而是关注一个发展中的社群中真实的人。1973 年，佩吉第一次拿起了麦克风，近 50 年后的今天，在每个工作日的早晨，她仍会出现在北加州电台的访谈节目"KGUA"中，为打破刻板印象、改善社群状况而努力，帮助维持让人们团结在一起的向心力。

建设者

有些人的全情投入是以把梦想变成现实的形式表现出来的。这是建设者的方式。像真正的公民一样，他们对未来也有一个愿景，并致力于为实现这一愿景而长期努力。但是，他们不是通过改造世界上现有的东西实现他们的愿景，而是通过创造一些东西小规模展示自己愿景。

10 年前，艾琳·李（Irene Li）和她的兄弟姐妹为离父母更近一点，搬回了家乡。为了找点事做，他们想出了一个计划，准备开一家餐车餐厅。他们想要延续从中国移民到此的祖父母的事业，在美国开一家餐馆。2012 年，他们在波士顿市中心开设了美美厨房餐车。艾琳努力确保他们售卖的食物没有辜负她对食品正义的承诺。她希望原料都能在当地采购，肉类都源自生活在牧场上的动物，价格能让波士顿市中心的普通工人轻松负担。这辆餐车大受欢迎，一年后艾琳和她的家人就开了一家实体餐厅。

当位于波士顿公园大道（Park Drive）的美美餐厅开业时，他们希望这家餐厅能体现他们家热情好客的传统。对艾琳来说，热情好客这个词的真正意义是"我们对彼此负责的理念"和"预见别人的需要，慷慨地给予自己的一切"。艾琳告诉我，如果我去她妈妈家做客，她妈妈"会问你吃过没有；看到你的杯子空了会帮你倒满；在看到你穿得太少、身上起鸡皮疙瘩时，会去帮你找一件毛衣披上"。她补充说："她甚至不会问你有什么需要，而是主动去做。"这就是她希望美美餐厅体现出的精神。

有时艾琳也会因为被生意束缚感到难过。例如，因为餐厅离不开管理者，很难出去度个长假。但归根结底，她很难"想象如果自己没有全身心投入一项工作中，是否能获得充实的感觉"。这家餐厅已经成为她社会身份的一部分。她已经在这一行干了近10年，现在是当地多个非营利组织的董事会成员，其中包括一家孵化新兴食品企业的组织。对她来说，在会议上听到人们说"哦，你知道，美美做这个已经很多年了，你应该问问他们"时，仍然不太适应。她告诉我，她根本就没有感觉到，自己在悄然间已经成为行业资深人士。

经营一家餐厅的特别之处在于即使前一天你奉献了"一场精彩的演出"，第二天的工作还是要从零开始。为应对这一承诺的重复性，艾琳应用了"追踪记录"的概念。员工满意度是否始终如一、客户评价是否始终如一、社区领导力是否始终如一，这就是她现在衡量业务发展情况的方式。她说："当我们能够让他人看到我们做事的方式，而且我们能够坚持这样做下去，才具有真正的价值。"

管理员

如果只有建设者和改革者，世界是无法运转的。我们需要一些人担负起管理员的职责（至少在一些时间段内），维持当下的工作。正如安德鲁·拉塞尔（Andrew Russell）和李·文塞尔（Lee Vinsel）在他们的一篇关于日本永旺集团（Aeon）的热文《向维护者致敬》（"Hail the Maintainers"）中所言，我们的文化过于重视创新（如运动人士和创造者），而低估了"伟大的新想法"实现后的维护工作的价值。他们认为，创新只是技术发展的第一阶段。一项技术有自己的生命周期，在其生命周期内大部分工作是维护工作。清洁、更换部件、更新软件、修复故障，以及对执行这些清洁、更换部件、更新软件和修复故障任务的人员进行培训，都是由维护者完成的。大多数新技术的核心都是对网络的维护：每一部苹果手机都需要维护良好的通信网络才能正常工作，每一个花式淋浴喷头都需要维护良好的水网才能正常工作，每一辆特斯拉都需要维护良好的高速公路网络才能正常工作。地铁、桥梁、管道、暖通空调系统，这些现代生活的标志大多数并不是什么新生事物。两位作者指出，我们没有留意到他们，不是创新者的功劳，而是因为维护人员让它们保持着不间断的运转，如景观养护师、机械师、IT支持团队、医院技术人员等。

维持正常的社会功能，不仅仅需要技术上的维护，还需要对整个社会体系的维护。我们需要有人维护人际关系、遵守礼仪、执行规范、培养信任。我最常想到的是维持"法律体系"运行所需要的一切，包括所有的律师和法官、法警和法庭记者、法律图书馆和法学院、文书和建筑物。即使是像邻里读书会或祈祷团体这样微小的社会系统，也需要有人负责。我曾经看到一个朋友纠结于是否去参加她在当地图书馆帮忙发起的每月一次的读书讨论会。那天在下雨,天气很冷,她也没有心情。但过了好长一会儿,她说:"我想我应该去。"然后抓起外套去了图书馆。

"我想我应该……",正是这句话防止了文明分崩离析。

作家马克·T. 米切尔(Mark T. Mitchell)写道,管理员精神是"一个欣欣向荣的文化中不可或缺的"。我们继承的所有"制度、思维方式、故事、歌曲、传统、实践"都需要有人去维护。如果没有足够的人尽心尽力地去管理它们,我们就会失去它们。但是管理并不是把什么东西都放在玻璃罩里,而是要让它们活下去,就像你照管植物或动物那样。米切尔解释说,管理应该是一种积极主动的行为,它包括对继承而来的遗产进行反思,发现其"优点和缺点,在保护它的同时努力改进,然后用心地将它传递给下一代"。以感恩之心接受,以真爱之心管理,以热忱之心传承,如此一来,文化才能得以存续。

加布里埃拉·格拉杰达(Gabriela Grajeda)在2003年搬到了弗吉尼亚。她想保持自己的玻利维亚传统,所以她加入了我们地区的一个阿尔玛玻利维亚舞蹈团。因为这一地区的西班牙裔人口比她之前居住的洛杉矶要少得多,所以对她来说,搬到这里让她感觉有些孤独。舞蹈团是一个让她有亲近感的群体,里面都是有着相似背景和同样激情的人,让她获得了家的感觉。

加布里埃拉之所以喜欢阿尔玛舞蹈团,可以用米切尔的一句话解释:这个群体继承、维护和传承着她的文化。阿尔玛舞蹈团的很多成员并没有在玻利维亚生活过,那只是他们父母的家乡。因此,这个团队让这种文化的灵魂在离起源地数千公里之外的地方仍保持着活力。玻利维亚舞蹈很难,但当加布里埃拉学习并表演它们时,她是在演绎自己的文化。困难是组成骄傲的一部分。

这些舞蹈也是人们谈起玻利维亚的一个理由。她说"人们会问我们跳一种舞蹈的原因,以及每种舞蹈背后的起源",这让她有机会分享自己民族的传统。她解释说:"每一种舞蹈本身都是一个故事。每一种舞蹈及其服装背后都有一段非常迷人的历史。"通过舞蹈伴奏,舞者们学会了一种土著语言——盖丘亚语,还学会了一些玻利维亚方言。

管理舞蹈团很不容易,加布里埃拉说。缓和团队成员之间的关系,想方设法筹集资金,招募新成员,这些工作都是长期的。但在做了几季之后,加布里埃拉变得更有毅力了。她认为让这个团体继续下去是她的责任。她说:"我们是这个地区历史最悠久的团体,我不想看到它被解散。这是一种使命感,一种继续做某事的责任感。"

最典型的管理型职业可能是神职人员,他们身上承载着一整套宗教传统,需要保持它的活力,并每周将其传递给会众。艾米·施瓦茨曼(Amy Schwartzman)拉比在我们镇的犹太教堂工作了 30 年。她的部分工作是举办传统活动和仪式——受诫礼、婚礼、葬礼,当然还有年度节日和每周的安息日仪式;另一部分是与人们讨论他们与信仰的关系,通常是为他们释疑解惑。

施瓦茨曼拉比说，她的目标常常是让摇摆不定的教众充分保持与犹太教的关系，这样当他们到了人生的某个阶段，准备好去探索自己的信仰时，"他们就会知道犹太教会一直在它们身边"。

在施瓦茨曼拉比的工作中，最重要的部分是给孩子们提供信仰培训。她拥有900名学生，是美国第二大犹太教学校的校长。她告诉我，当孩子们为他们的受诫礼做准备时，他们不仅仅是在学习希伯来语。"他们（受诫礼的孩子们）花了一年的时间思考受诫礼意味着什么。"这项工作常常要求年轻人勇于做出承诺，即问自己："你什么时候准备好把传统置于自我之上？"她的教育对象也不仅限于孩子。施瓦茨曼拉比一直致力于号召她的教众"做有抱负的犹太教徒"，她会问大家："你所做的选择将会如何影响犹太教的未来以及你作为一个犹太人的未来？"

施瓦茨曼成为一位拉比是因为她热爱这项由仪式、引导和宗教教育组成的工作。对她来说，这不是一种负担，而是一种乐趣。但是作为一个教会的领袖，不仅要做充满情怀的管理灵魂的工作，还要做后勤管理等枯燥的工作，如召开计划会议、审阅财务文件、筹款、申请建筑许可等。但她喜欢提醒自己，和对孩子进行宗教教育一样，她对教众的承诺（总的来说是保证犹太教的存续）意味着这种乏味的后勤工作也是拉比职责的一部分。

在全世界所有犹太教堂工作的拉比保持了一个流传千年的传统。施瓦茨曼拉比告诉我："我在逾越节家宴上常说的一句话就是，想一想全世界犹太人正在做的事和你正在做的是一样的。想想你们的祖父母、你们的曾祖父母曾经说过同样的话。希望你的孩子、你的孙子和那些你永远不会认识的人也将会这样。"她叹了口气，接着说："这是一种很宏大的感觉。"

工　匠

　　磨炼技艺也是一项长期工作。业余面包师打磨他的厨艺，古典吉他手打磨他的指法，老师打磨他们的教学风格——这一切都需要时间和重复。近来，你一定听说过"一万小时定律"。我更喜欢纽约园艺家安迪·佩蒂斯（Andi Pettis）的格言，"不养死一百棵植物，成不了好园丁"。这是她的一位园艺导师告诉她的。作为一个工匠，要花时间打磨自己的技艺。

　　几十年来，米奇·拉斐尔（Mickey Raphael）一直是威利·纳尔逊巡演时的御用口琴手。米奇一开始并没有打算成为世界知名的口琴演奏家。和所有成长于20世纪60年代的人一样，他最开始学习的是吉他。但上高中时，他偶然间在达拉斯的一家咖啡馆听到唐尼·布鲁克斯（Donnie Brooks）吹奏布鲁斯口琴。他被布鲁克斯的演奏吸引住了，他当时非常确定地告诉自己："好吧，这就是我想做的。"于是他找来一把霍纳海军乐队口琴，开始学习演奏蓝调音乐。

　　米奇从他的父亲那里继承了对技艺的执着。他的父亲是一个定制家具制造商，但是米奇没有做木工的天赋，所以他不想继承家族生意。米奇对口琴非常痴迷，走到哪儿都带着他的口琴，他的父亲也不得不接受了这一点。因为学校里没有他能参加的乐队，所以他会在午餐时间，自己一个人去田径场边走边吹口琴。他解释说，口琴是"一种每个人能演奏的乐器。只要你有一把与歌曲音调相匹配的口琴，你就不可能吹错音，所以你可以轻松把一首曲子吹下来"。但他告诉我，要想把它变成一门真正的技艺，"要想演奏得流畅，表达出情感，你就得一直吹，吃饭睡觉都得想着它"。

一天晚上，在达拉斯的鲁巴亚特俱乐部，米奇遇到了他的偶像唐尼·布鲁克斯。这位口琴界的传奇人物教了米奇几手。和唐尼在一起的五分钟，让米奇萌生了做一个职业口琴手的想法。他的付出很快得到了回报。他开始拜访附近的录音棚，参加各种音乐录制。不管是广告歌，还是完整的专辑，很多都需要一段口琴来添彩。一天晚上，在一个聚会上，威利·纳尔逊听到了米奇的演奏，于是邀请他和自己的乐队一起录音。很快，纳尔逊邀请米奇加入了他的乐队。从那以后，米奇就一直和威利一起巡演。几十年来，他们走遍了世界各地。米奇甚至为数位总统演奏过。

对于工匠来说，在长期奋斗的过程中，不仅仅是在磨炼自己的技艺，也要在学到一技之长之后展示自己的技艺。有些工匠被人铭记是因为他们的代表作，即他们所有作品中最伟大的作品。更常见的情况是，伟大的工匠被人记住，是因为他们的长期工作。从我记事开始，我就很喜欢看深夜脱口秀主持人大卫·莱特曼（David Letterman）的节目。莱特曼会一遍又一遍地做类似的节目,并没有哪一部特别引人注目,但他的每一次节目都会营造出一种独特的氛围。这种氛围就是他的"伟大作品"。你可以在致力于呈现独特视觉风格的导演、致力于独特声音的乐队或致力于独特味道的厨师身上看到同样的情况。他们每一个都可能有一些能体现他们风格的杰作,但我们关注的是他们作品的整体情况。威拉·凯瑟(Willa Cather)说得好:一个艺术家"试图用自己的风格体现出一群人的经历和情感"。当我们爱上某个工匠的作品时,我们喜欢的是他们一贯的"风格",以及他们最新的作品是怎样体现了这一风格。

伙 伴

最重要的承诺是对他人的承诺。这是一种对伙伴的承诺。伙伴(Companions)是一个很美丽的词:com 的意思是"与",pan 的意思是"面包",一个伙伴就是"与你一起吃面包的人"。成为某人的伙伴就是要在生活中陪伴他们,同进同出。在生活中,除了陪伴和被陪伴,我们还有什么奢求呢?

这让我想起圣方济各教皇,他曾说过他希望天主教会能成为一所"战地医院":

今天教会最需要的是治愈伤口和温暖信徒的心的能力;教会要走近信徒,与他们亲近。我把教堂看作一座战地医院。问一个重伤员的胆固醇水平和血糖水平是没有用的!你得先去治愈他的伤口，然后再谈其他的事。治愈伤口，治愈伤口。

伙伴，是那些在人生的战斗之后陪伴在我们身边的人。

我想到了教师这个职业。作为教师，他们最能发挥作用的时刻不是在课堂上，而是在学习过程中陪伴学生的时候。格鲁吉亚老师多美子·查佩尔（Tamaiko Chappell）认为她的工作是告诉学生们在学习数学的漫长旅途上，她会一直陪伴着他们。她想让学生明白"没有什么问题是解决不了的"，然后她会带领他们完成整个过程。她解释说，在学习数学的过程中，各个阶段都充满了挫折，是一个不断试错的过程。多美子的工作艺术是通过让孩子们知道"如果你陷入困境，时刻有人准备帮助你"，让孩子们在面对问题时不要轻易放弃。

但成为一个值得信赖的伙伴并不容易。在DC梦想中心（DC Dream Center），一个项目会将成年人与需要指导的孩子配对。一位项目导师杰森·斯莱特里（Jason Slattery）告诉我，新的志愿导师通常"想马上建立一种亲密关系"，但却沮丧地发现，这样的目标很难实现。该中心的主任欧内斯特·克洛弗（Ernest Clover）解释说，"为了真正赢得信任，真正了解你的孩子，也为了让他们真正了解你"，起码需要三年时间。导师需要不断出现在孩子面前，因为孩子们需要一遍又一遍地听到"我选定了你"，才能信任这个导师。杰森说，通常情况下，最没有魅力的志愿者最终会成为最好的导师，因为成为一名好导师的关键因素不是魅力，而是始终如一。

宗教工作也是如此。约瑟夫·菲利普斯（Joseph Phillips）是北卡罗来纳州夏洛特市社区教堂的首席牧师。他非常重视牧师的作用。他认为在那种人数多到牧师记不住每个人名字的大型集会上，牧师可能能够教导人们，但并不是真正在传道。在约瑟夫看来，传道是一种非常具体的活动，需要将信仰与具体真实的人连接在一起。牧师要能够了解会众中哪些家庭遇到了困难，并花时间陪伴他们应对挑战。他提醒他的同事们说："当发生危机时，人们很少有可以去求助的人。"约瑟夫认为他的使命是努力与人建立亲密关系："亲密到一切都可以坦白，你要保持这种关系，创造空间，只是倾听。"

教师与学生，导师与学员，牧师与会众的关系是正式陪伴的例子，但我们生活中大多数伙伴都是非正式的。有一个古老的短语"kith and kin"，意思是"朋友和亲戚"。现在你仍然可以听到一些人谈论他们的"kin"（亲戚），但是"kith"的概念（好邻居和老朋友）已经无人提及了。不过，正是对成为忠诚的"kith"的承诺将社区凝聚在一起。

作家格蕾西·奥姆斯特德（Gracy Olmstead）经常谈到她位于爱达荷州的家乡。在那里，邻居们世世代代生活在一起。用她的话说，在这个地方，"你的姓氏比你的名字更有意义"，因为你的邻居不仅仅是你的邻居，他们也是你的曾祖父母的邻居。这种人口稳定性，以及几代人之间的关系，让整个小镇的人得以守望相助。

格蕾西在搬离家乡后,才注意到"kith"的力量。在她的新社区里,邻居们并没有以同样的方式互相照顾,甚至互相根本就不认识。当她认识到这种差距时,她想让世界更多地了解她的家乡并从中学到一些什么。但我们其他人该怎么办呢?如果我们生活的地方和她的家乡不一样,或者说我们从来没有机会生活在这样一个地方,我们就要放弃吗?

格蕾西曾经读到这样一个观点:一个好朋友不需要是你相处得很好或者与你各方面都合拍的人,他们只需要在岁月里"掌握了如何成为一个好朋友的技能"就可以了。她认为所谓的好邻居也是如此。

她说:"在你周围,不一定都是擅长这种技能的人或是和你有很多共同点的人。但通过不断应用成为好邻居的技能,你的技能会愈加娴熟,并有希望随着时间的推移,激励其他人成为好邻居。"换句话说,睦邻友好是有感染力的。

格蕾西的父母每个周五晚上都会举办比萨之夜,任何人都可以参加。一开始,只有他们自己的孩子参加。但随着时间的推移,他们的孩子带来了朋友。最后邻居们也知道了这件事。现在,光顾比萨之夜的人"各种各样"。她的父母每天都有访客,因为人们"经常到他们家来寻求建议,或只是喝杯茶,或寻求情感支持"。他们每周五晚上开门迎客的小小承诺让每个人都觉得自己是受欢迎的。

每当有人质疑在今天的文化中是否有可能做到全情投入时,

我就会想到父母们。因为司空见惯，我们都认为为人父母的行为是理所当然的，但其实这是一个很惊人的现象。当我们选择要孩子的时候，我们其实是在做出承诺，承诺照顾另一个人（孩子）一生，其中包括大约 20 年的深度照顾。尽管所有人都表示对未来几十年感到绝望，但选择生孩子这一事实证明我们并不是真的绝望。孩子，就是我们对未来做出的承诺。

我们对孩子的承诺是天生的，比这种承诺更非凡的是延续婚姻的力量。尽管流动的现代性带来了种种犹豫不决，但婚姻依然存在。我们可以看到，生孩子和结婚是现代社会中最为牢固的承诺，我们甚至会用它们描述我们极为在意的其他承诺。比如，你会听到有人说"我嫁给了这家店"或者"这个项目是我的孩子"。温德尔·贝里甚至说过，为治愈这个世界，形成更多"婚姻"关系（不只是指结婚，还包括与事业和地方形成联系和承诺）是我们应该深入思考的方式。做出承诺；放弃一些控制，迎接随之而来的未知；接受一定程度的限制；理解伴随这段关系而来的不全是快乐，但整体来说会是快乐的——这些都会在婚姻和其他承诺中出现。

贝里感叹道，我们生活在一个"离婚"时代——不只是字面意义上的婚姻，还包括放弃各种各样的承诺。我们通过个人力量是无法把它们重新组合起来的。但是贝里建议"做你能做的事"："你把两件应该在一起的东西重新放在一起。只有这两件东西，不必是所有的。这项任务只能这样才能完成。"

这是"反主流的承诺文化"发出的号召：尽自己的一份力量，让我们这个时刻被割裂、被孤立、被"离婚"的世界变得更完整一点。

第七章　后悔的恐惧和目标的自由

在开始承诺之旅时，我们常常害怕自己将来会后悔：害怕如果我们现在全情投入某件事中，以后会后悔没有做其他的事。我们不想在 20 年后的某一天早晨醒来时，被当初我们如果做出了不一样的选择会怎样的想法困扰。在做决策时感到痛苦是很自然的，毕竟英语里 decide（决定）与 homicide（杀人）拥有同一个词根——"cide"。它的意思是通过"切断"或"打击"从一个东西上分离下一部分。哲学家罗伯托·昂格尔写道，当我们年轻时我们"可以以各种不同的方式长大"，但我们不能成为一切。选择一条道路"对我们的自我发展是不可或缺的"，但它也是一种"自我伤害"，因为"在选择过程中，我们必须抛弃掉人性中的许多方面"。这就是为什么我们会对"后悔"如此恐惧。我们要成为一种人，就要放弃成为其他类型的人的机会，所以对我们来说，在这一痛苦的过程中做出正确选择是至关重要的。

降低赌注

克服对后悔的恐惧要从减少赌注开始。并不是每一个承诺都会成为传奇，也不是所有的承诺都必须是永久的，记住这一点将会很有帮助。承诺就是关系，而关系与生命一样有自己的节律。当生活中没有了承诺，人与人之间就不再有关系，只有冷冰冰的规则。建立关系并持续投入是对的，在关系出现问题时努力去修复也是对的。但如果关系已经彻底破裂、无法挽回，也只能接受。假装已经不存在的东西仍然存在是一种病态。

在一本关于承诺的书中支持放弃，似乎有些奇怪。但接受事情可能不会成功的想法是全情投入的关键，因为它帮助我们在一开始减少对新承诺的赌注。巴尔的摩的"长期英雄"马克斯·波洛克（Max Pollock）与他人共同组建了一个团队，从城市各处回收和转售砖块和木材。那时候，马克斯根本不去想他对自己的"砖与木"公司的承诺。他说："我不需要每天早上醒来都发誓要投入工作，因为这就是我想做的事，我会尽我所能去把它做好。我也从不怀疑这是否是我想要的。"一个有生命力的承诺，在其生命力最旺盛的时候，会让人感觉不到它，因为此时它就是你的一部分。

但马克斯能够达到这样的状态，是因为他放弃了别的东西。几年前的一天，法学院新生马克斯与女朋友一起在费城西部闲逛时，看到一些人在修理一所旧房子。

"天呐，我不想上法学院了，"他告诉自己女朋友，"我想做他们正在做的事情。"

令他吃惊的是，她回答说："好吧，那就做吧！"

马克斯记得自己当时在想，这多么简单——停下自己不想做的事，开始做自己想做的事。几天后，他从学校辍学，进入了一家在城市周边做修复工作的设计和建筑公司。马克斯退学不是因为法学院太难，而是因为法学院让他感到无聊、浮躁以及深深的不确定性。他放弃法学院学生的身份是因为这不再是一个有生命力的承诺。安心地放弃一些东西不仅是合理的，而且是成为长期英雄必不可少的一部分。当你面对一个艰难的决定时，知道这一点可以缓解你的紧张。

选择并行动

即使降低了赌注，你仍然需要做出选择。从多个选项中做出选择很困难，甚至可能会让人无能为力。在我与长期英雄们的讨论中，我了解到了一些打破这种僵局的有效方法。一种方法是让情绪帮助我们自己。我的朋友乔恩有一个愚蠢但有效的方法。当人们向他寻求建议时，他不会对选项进行理论分析，而是会直接告诉他们应该如何做。如果他们问："我应该去费城工作还是去亚特兰大？"他会回答："绝对是亚特兰大啊。"

当乔恩这样做的时候，人们通常会感到很惊讶，因为对话一般不会是这种风格。提供建议的人大多和寻求建议的人一样犹豫不决，他们一般会说："亚特兰大有自己的优点，当然也有缺点……"但乔恩的方法往往很有效，因为它能促使人们去想象自己真的选择了其中一个选项之后的情境。一旦他对某人说"肯定是亚特兰大"，住在亚特兰大的情境对他们来说就变得更加真实，他们的情绪就会流露出来。求助者此时可能会说："我无法想象自己住在那里的样子，感觉不太对。"然后乔恩就会回答他："那你就去费城好了。"

对于那些不知道如何选择职业道路的学生，遗传学家苏珊·韦斯勒（Susan Wessler）的建议是问问自己："在所有待办事项中，你首先会做的是什么？"关于我们想要什么，世界上所有的冷冰冰的分析，都比不上对日常生活中的观察——那些总是能让我们活跃起来的东西，才是我们最想要的。

调动情绪也是另一种做决定的方法的关键：耶稣会有数百年历史的依纳爵辨别法（Ignatian discernment）。练习者需要先清空他们的大脑，然后对选项一个接一个地进行深入想象，感受每个选项带来的内在活动。根据要求，他们不能只考虑这些选项的优点和缺点，还要去感受它们。这种练习不仅仅是对选择的审视，还是对在接受了这些选项之后的你本人的审视。或者就像圣依纳爵（St. Ignatius）在五个世纪前就说过的那样，"许多的光明和理解，都是源自经历过的忧伤、慰藉和对心灵的洞悉"。

练习者需要这样问自己：当我想象自己选择了某个选项时，

我是感到被支持、鼓励或心灵的平静（在耶稣会士的信仰中，这样会更接近上帝），还是感到内疚、焦虑，与上帝的距离更远了？

我采访过的一位耶稣会士说，这种方法的核心是"调谐"。我们的感觉能够发现理性头脑所不能发现的信息，而使用依纳爵辨别法就是扭动我们内部接收器的旋钮，以便更好地收听这些信息。

耶稣会神父詹姆斯·基南（James Keenan）写道："这是源自本能的。你不只是在使用你的大脑，甚至不只是你的心。你要使用你的本能。"

除了感受，我们也可以利用价值观帮助我们做决定。但这可能会很困难，因为我们中许多人都无法确定和明确表达自己的信仰。我发现自己价值观的方法之一就是收集英雄——努力了解其他人的生活，看看哪些人能对自己产生激励，然后再看看能从这些人身上学到什么。真正了解你的英雄如何思考和行动的好处是，当你面临艰难抉择时，你可以想象在类似的时刻你的英雄们可能会做出怎样的选择。他们之所以是我们的英雄，是因为他们与我们有共同的价值观。寻找让你的英雄感到骄傲的选项，其实就是在寻找符合你的信仰的选项。

如果说第一种决策方法利用的是你的直觉，第二种利用的是你的心，那么最后一种方法，即理性分析法，利用的就是你的头脑。一个经典的理性决策工具是"正反清单"。1772年，在本·富兰克林（Ben Franklin）写给化学家约瑟夫·普里斯特利（Joseph Priestley）的一封信中，第一次提到了这个词。

"……我的方法是用一条线把一张纸分成两栏。其中一栏用来写赞同的原因，另一栏用来写反对的原因。经过三四天的思考，我在两栏中分别简短写下了赞成或反对这项措施的原因……尽管这些原因的权重不能用代数法精确衡量，但当每一个原因都能单独地拿出来赋予一个相对数值，并且所有原因都列在面前时，我想我就能更好地做出判断，而不太可能贸然采取行动。事实上，我发现这种方式很棒，也许可以将它称为道德代数法或审慎代数法。"

在生活中，自富兰克林时代以来的几个世纪里，"道德或审慎代数法"并没有多大进步。今天，如果想要理性地分析决策，最好的办法仍然是像他那样，把每个选项分解开来，一部分一部分地进行分析。

做出重大决策可能需要同时使用情绪、价值观和理性分析三种方法。用作家帕克·帕尔默（Parker Palmer）的话来说，这些方法通常只是我们做出决定的"外骨骼"：指引我们走向应寻之地的脚手架。最终，我们需要等待生命的火花，帮助我们做出自认为正确的选择。积极的情绪、灵感和理性混合起来，将引导我们找出一条道路。

大多数决策方法都有一个共同点：让外界的噪音安静下来，倾听你内心的答案。想想布莱瑟·帕斯卡（Blaise Pascal）的说法:"人类的所有问题都源于人类无法独自安静地坐在房间里。"词曲作者乔·帕格的歌词表达得更直白一点:"如果你对自己选择的东西闭嘴,你就能听到有个东西在选择你。"

但即使你做到了这一点,你也不能只是安静地坐着。因为这样一来,对后悔的恐惧又会悄悄袭来。只有当我们采取行动时,我们才能充分了解我们想要什么。这一深刻见解就是所谓的"埋头苦干,必有所得"或"说做就做"。

我问过那些长期英雄:"是什么让你们能够投入一项承诺中?"许多人都回答说是他们对未知的坦然。

对华盛顿"侍者与诗人餐厅"的创始人安迪·夏拉尔(Andy Shallal)来说,无法预料自己选择开餐厅的结果是让他感到兴奋的原因之一。对于未来的整个旅程,夏拉尔在做出承诺时并未感到紧张。他只去想第一步。他解释说:"我不做 10 年的计划,我每次只看眼前这一步。"

他并没有精心计划餐厅的每个细节,只是给出了一些大概的想法。他希望它有一个很大的空间,这样人们就可以在餐厅举办聚会和活动;他希望餐厅能成为一个人们受教育、受启发、接触新思想的地方;他希望它感觉上是华盛顿的一部分(一个城市的文化中心)。不过,这些想法并不是他开店之初就有的,而是在经营过程中一点一点认识到的。一步接一步,他的餐厅已经开办了 15 年,成为美国首都最受欢迎的连锁餐厅和聚会场所。

芝加哥的金伯利·沃瑟曼(Kimberly Wasserman)为关

闭一座位于她家附近的高污染燃煤发电厂抗争了 12 年。她说她从来没有想过自己将要开始进行一场长达十数年的斗争，只是觉得"总得做点什么，不管花多长时间"。然后，她就开始了日复一日的斗争。

"每一天都是对它们发起挑战的新一天，"她说，"每一天都是为关闭它们而努力的新一天。"

因为工厂排出的烟雾，她儿子的肺部受到了损伤。每次她带着儿子开车经过工厂，儿子都会问她："妈妈，你今天能把工厂关掉吗？"

她总是回答："不，还没有。"但这让她的决心更加坚定了。她从没想过要放弃，但同样也没真正想过"哦，我们离目标越来越接近了"。她一直在想的是："今天我们要怎么做才能得到我们社区需要的东西？"

亚特兰大环线（Atlanta's BeltLine）的缔造者瑞安·格拉韦尔（Ryan Gravel）告诉我，他是"一个追求天真的人"。如果他事先知道把亚特兰大的旧铁路线改造成一条重要的多用途铁路要花多少工夫，知道这会给他的生活带来多少戏剧性的变化，他可能根本就不会开始。但是"天真真的很强大"，他坚持说。正因为一开始他并不知道，所以他醉心于自己的想法，一步一步坚持到了最后。回顾过去，即使现在已知悉所有，他也并不后悔开启了这个项目。

在我拜访长期英雄的过程中，这个论调一次又一次地出现：

伟大的承诺并不需要伟大的蓝图。伟大的蓝图意味着更多的薄弱之处、更多的失望和更多放弃的理由。正如意第绪谚语所说："人一做计划，上帝就发笑。"伟大的承诺始于第一步。你知道第一步做什么并能够接受随之而来的不确定性，那么你就可以去做了。

有些人认为，当我们在选项中做选择时，我们要做的是选出最接近完美未来的选项。从这个角度来看，选择是一道有正确答案的测试题。但这是不可能的，因为未来还没有来，它是由我们的选择创造的。我们今天的承诺，会变成未来的现实。

选择的挑战不在于选择"正确"的未来，而在于如何应对我们不得不去选择的未来。正如斯坦福大学商学院讲师埃德·巴蒂斯塔（Ed Batista）所言，我们应该少关注我们做出的决定是否正确，多关注如何确保我们做出了正确的决定。斯坦福大学研究决策神经科学的巴巴·西夫（Baba Shiv）教授也提出了类似的观点：成功决策的主要因素不是决策者选择了什么，而是决策者是否对自己的选择全情投入。

我的一位高中老师给我们的恋爱建议与巴蒂斯塔和西夫的观点别无二致。他告诉我们，我们应该放弃"我们的伴侣应该是那个命中注定的完美灵魂伴侣"的想法。当你开始认为某人可能是你的"真命天子"时，你会不断地把他和你脑海中那个完美而抽象的"真命天子"进行比较。他解释说，当你这样想的时候，你们关系中出现的每一个问题都将会被视为一个证据——对方不是你想要的那个人的证据。相反，他告诉我们，我们应该把重点放在我们已经做出承诺的伴侣关系上，并努力使这种关系发挥作用。当遇到困难时，我们不应该去想当初决定开始这段关系的决定是否正确，而是要提醒自己："这是在践行承诺的过程中必然会遇到的事。"

承诺，并不是由过去它们被创造出来的时刻是否"正确"来定义的。对承诺更正确的理解是它们会"茁壮成长"或"渐渐枯萎"。的确，最初的选择对一项承诺在未来的荣枯有影响。但随着时间的推移，一项承诺的生命力不是由某个时刻决定的，而是由这一过程中的每一个时刻决定的。

了解自己的本能、内心和头脑在说什么；面对不确定性采取行动；放弃完美未来的想法——这三点说起来容易做起来难。世界上所有的建议都无法改变这样一个事实：承诺是一种对信仰的实践。为了做到这一点，我们需要相信博物学家约翰·伯勒斯（John Burroughs）的劝告："跳下去，就会发现有安全网接着你。"但即便是这么简单的一句话，我们可能也不需要听完一整句。通常，当我们将要做出承诺时，我们只需要听取三个字：跳下去！

承诺的动能

一旦你做了决定并开始付诸行动，你的选择很快就会变成你需要面对的现实。你做出新承诺（你可能要承担的责任、你可能要遇到的人、你可能要走上的道路）之后，焦虑也会随之而来。你开始把投入在承诺上的时间和精力内化，并开始注意到所有其他正在溜走的机会。在你做出决定之前，它的潜在后果是抽象的；当你做出了选择，后果就变成了现实存在。此时，对后悔的恐惧可能会再次袭来。

你可能在"无限浏览模式"中体验过这种感觉。你克服了挑选电影的焦虑，但现在，你挑好的电影已经开始，你会再次因害怕后悔而痛苦。也许你会开始想"我真的想花接下来的两个小时看这个吗"，当退出按钮还在屏幕上时，一个声音在你的脑海中大喊：换一个！

此时，唯一的出路就是强力突破。但也有好消息：到了一定的程度，承诺就会自己产生动能，并且这种情况在对承诺尚未投入很多精力的时候就会发生。就像一部电影开始几分钟后，你就会停止思考"我是否应该继续看下去"的问题，然后开始享受这部电影。这个承诺活了下来，并且仅需要很少的意志力就能维持下去。

莱斯利·梅里曼（Leslie Merriman）是我家乡的一名图书管理员。10 年前，她对中东历史和政治产生了兴趣。她从新闻上了解到了阿拉伯之春和叙利亚内战，并开始大量阅读相关信息。她了解到的东西让她动容，于是她开始向红新月会（Red Crescent）和叙利亚美国医学协会（Syrian American Medical Society）提供捐助。但她一直觉得自己还能做得更多。当她听说当地有一个帮助阿富汗难民在美国定居的组织时，她主动找到了他们并加入其中。

该组织人手不足，有人报名让协调员非常高兴。她告诉莱斯利，该组织在该地区有数百个难民家庭的联系方式，但没有人手做上门家访，并问她是否愿意帮忙。

"当然，"莱斯利说，"把信息发给我就行。"但当她收到一份有100个家庭的名单，让她去逐一拜访时，莱斯利才知道她是该组织在华盛顿地区仅有的几个志愿者之一。她也没有得到太多指导，协调员只是告诉她给这些家庭打电话，看看她或这个组织是否能做些什么帮助他们适应在美国的生活。

莱斯利开始给名单上的家庭逐一打电话，询问他们过得怎么样，需要些什么。

"我喜欢未知，"她说，这呼应了许多承诺者的论调，"所以不知道下一个人会要求些什么是非常有趣的。"她觉得这运用到了她的图书管理技能。她说："我擅长研究，所以我不必保证我能提供一切，只要能帮人找到解决方法就好。"

请求堆积如山。有的八口之家住在一居室的公寓里，妻子生病了，他们还需要一份工作。有人的孩子有残疾，需要相应的服务。有些家庭的尿布用完了，还有一些家庭需要外套。每个人都需要学习英语。

莱斯利为此全力以赴。她会开车送人去看医生，买尿布和买外套，帮他们解决危机，帮孩子与创伤顾问沟通，帮父母报名参加英语课程。她常常只是去看一看，听一听，让他们感到在一个陌生的新国家是受欢迎的。

莱斯利最终把其他人也拉进了她的承诺中。她会打电话给她的牙医朋友，请求他为难民家庭提供免费的牙科服务；她会打电话给她的心理医生朋友请求免费的咨询服务；她会在脸谱网上发帖寻求解决之道，并发起捐赠活动；她甚至告诉自己的孩子们，与她帮助的家庭分享他们的玩具和衣服。

短短几个月，莱斯利的整个生活都发生了变化。她的冰箱里装满了阿富汗食物，这是难民为感谢她的帮助给她送来的。在她家的节日宴会上，与会的阿富汗朋友数量比她的家人还多。她开始觉得自己在管理一个小小的援助帝国：对不同的情况进行分类，争取和审慎安排捐赠和志愿者，让自己帮助过的人代表她去帮助新的需要帮助的人。

莱斯利已经无法再回到以前的生活方式，她也不想回去。当她的朋友为了"亚马逊延迟送货"而抱怨或因为"无事可做"而感到沮丧，她会感到厌烦。她解释说，一旦你的优先事项发生了变化，你有更重要的工作去做，日常生活的"琐事"（比如，与你的工作、上级、狗或伴侣有关的问题）就会被抛在脑后。承诺本身是有动能的。

不仅仅是像莱斯利这样非凡的承诺有自己的生命力。我妈妈在退休后不久的一天，她经过华盛顿市中心偶然看到了一个为米里亚姆厨房招募志愿者的摊位。这是一个为无家可归者提供支持和服务的中心。她报名参加了一次服务。很快,单次服务变成每周一次的服务;之后不久,就变成每周两次的服务。在做了一段时间志愿者后,那里的协调员问我妈妈是否可以与中心的访客分享技能,于是她开始教授编织课程。很快,她开始邀请其他人也来做志愿者。在短短几个月里,偶然的一次服务就像滚雪球一样变成她生活中的重要部分。

有一个名叫"美丽街区"(Better Block)的项目,鼓励你在你的城市中选择一个街区,并承诺让它变得更好。这听起来很简单:你对这个街区进行分析,然后做一切你能做的(正式的和非正式的)改造它。故事开始于达拉斯,杰森·罗伯茨(Jason Roberts)和安德鲁·霍华德(Andrew Howard)决定选择一个有四个街区的区域,看看自己能在 24 小时内多大程度上改善该区域的状况。在一天的时间里,他们增加了自行车道、临时遮阳篷和户外咖啡桌;他们用盆栽植物建造了一个临时的中间地带;他们邀请当地的艺术家和食品小贩在废弃的店面开店。当所有人都看到一个小小的承诺所能带来的改变后,整个街区都发生了变化。房屋空置率下降了,活跃的店面几乎增加了两倍。现在,杰森正在全国各地旅行,宣传他们的理念,鼓励其他人也这样做。有人将其称为"城市针灸"——用充满爱意的微小干预作为开始,将一个毫无特色的地方变成一个令人喜爱的地方。

通过让参与者将注意力集中在城市的一个小角落(实际上是

一个街区),"美丽街区"项目不会让人们感到不知所措。也许问题是巨大的,但罗伯茨鼓励我们先做再说。

他说:"如果你向前推进,花上两个月去完成一件事,就能让情况有所好转。然后如果你再花两个月完成一件事,情况会变得更好。用不了多久(也许是一年),当你回过头一看,哇,这个领域已经发生了巨大的改变。"

承诺会获得自己的动能,有两个原因。首先,我们对某件事投入越多,它对我们开放得就越多。作为局外人,我们只能看到和理解其中一小部分。但是当我们进入房间、进入一段关系,或者进入一个社区之后,我们就能看到它的全貌。这个过程迅雷不及掩耳。当你融入一个社区,新的人、新的地方、新的事件就会进入你的生活。当你加入一项事业,你会了解到一个关于敌人、英雄和挑战的史诗故事。这些过程与个人关系的发展过程十分相似:在还不熟悉的时候,你被激发出好奇心;但当你深入这段关系中,你坠入了爱河。

承诺会获得自己的动能,还因为我们会在心理上逐渐适应我们做出的承诺。人类有一个"心理免疫系统":我们的大脑会做出额外的努力来让我们对所处的环境感到满意。当研究人员问人们如果他们中了彩票会有什么感受时,他们猜测自己会非常开心;当他们问人们如果他们在一次事故中失去了双腿会有什么感受时,他们猜测自己会非常悲伤。但是,在改变人生的事件真的发生数年后,研究人员采访彩票中奖者和事故受害者时发现,这些人的生活与之前并没有多大的不同。每个人都高估了变化对心理的影响，这是因为我们低估了心理免疫系统的力量。

我们的心理免疫系统通过在新的环境中编织新的故事发挥作用。我们会停止在我们无法控制的事物中寻找意义，而是在我们可以控制的事物中寻找新的意义。我们会从心理上适应我们过去做出的决定，为我们做出这些决定找到理由，而不再纠结于这些决定是否正确。

但只有当我们真正认定了我们的决定，这一功能才能发挥作用。哈佛大学研究心理免疫系统的权威丹尼尔·吉尔伯特（Daniel Gilbert）发现，如果人们过于轻易地放弃自己的决定，这种积极的心理适应功能就会发生短路。在一项研究中，吉尔伯特要求摄影专业的学生拍两张有意义的照片，然后让他们打印出来，并请他们留下一张，放弃另一张。他告诉其中一半人这是最终决定，告诉另一半人他们稍后可以改变主意。几天后，他询问学生们对所选照片的满意程度。那些不能改变主意的学生比那些能改变主意的学生对他们之前选择的照片的满意度更高。吉尔伯特的研究结果表明，可改变的结果没有比不可改变的结果更令人满意。

艾米·琼斯（Amy Jones）在一个完全可以被称为"承诺行业"的行业工作：她是一名文身师。她还清楚地记得15年前，她知道自己会长期从事这份工作的那一刻，但她很难决定是把文身技术当作一种消遣，还是当成一门严肃的专业技术。有一天，她对自己说："你知道吗？我要全力以赴。"于是她在脸上文了一个图案。

通过这个方法,她让自己的决定变得更不容易改变了。她说:"一旦你在脸上文身,你就与白领工作无缘了,也不再可能去沃尔玛当迎宾员。"

脸上的文身让艾米放松下来,因为她此时已经不太可能放弃文身师这个行业,因此内心也就没有了对这一决定的质疑。

她说:"这下没有机会犹豫了。你现在已经选了路,你要做的就是全力以赴,在这个行业里实现你的理想。"

你并不需要像艾米那样在脸上文身来让你的心理免疫系统发挥作用,让自己不再焦虑。但是一个类似面部文身的事物,一个能让你不那么容易反悔的东西,肯定是有帮助的。

转 变

在很多方面,每一个承诺之旅都是一次漫长的转变过程,是你对这个世界中的"意义"的重新定义。大家都知道,对一门宗教做出承诺,必然会改变你的认知。但对政治理念做出承诺同样如此。人们会讨论在受到女权主义、反种族主义、工作场所工会化影响前后自己生活的变化。地点也能改变一个人,当人们形容自己"成了一个真正的纽约人"或者"真正的得克萨斯人"时,就能发现这一点。爱会带来很大的转变:在看待自己的生活时,将伴侣或孩子纳入其中,会改变你的想法。所有的承诺都是如此。每当我们真正对某人或某事做出承诺时，我们在某些方面会变成一个不同的人。

当我的朋友莉斯当上母亲后，她对人生意义的全部理解都变了。例如，当粉刷的是"我与孩子们的家"时，"粉刷房子"这件事的意义变得更加重大了。而一些她曾经认为重要的事情突然变得不再重要了。

她解释说："周五晚上，我宁愿在家陪孩子，也不愿出去玩。"对她来说，成为母亲是她最大的成就。为人父母带来的意义能够抚平所有为人父母的艰辛。

她说："这很有意思。晚上，孩子们还没上床睡觉你就已经累得要睡着了。但当你坐在那里盯着他们，心里会想，'哦，天呐，他们是如此完美，他们是如此美丽。看看他们！'"

人们常常用火来比喻转变是很有道理的。想象点燃一根火柴的情景：开始它很微小，因为一点摩擦力被点燃，然后火焰会扩散开来并吞没一切。死刑废除主义者海伦·普雷让（Helen Prejean）修女说她每天早上醒来祈求的不是被理解，而是让自己燃烧起来。这就是让你全身心投入的感觉。它是有生命的，它是令人振奋的，它是令人欣慰的，它有时也是危险的，但最重要的是它占据了你的全部身心。

一旦激情被点燃，承诺之旅的最后一步就是通过迅速公开宣布你的承诺来将它和你锁定在一起。在所有的文化中，都有帮助我们表达对他人的新承诺的仪式。这些仪式就是为了"锁定"我们的转变。比如乔迁派对，人们聚在一起欢迎你来到一个新地方；入职宣誓，表明自己将会接受职业道德的约束；在这种仪式中最常见的是婚礼，你需要在来宾们面前说出你对终身伴侣的承诺。

也有非正式的承诺仪式。"十二步计划"有会员宣布戒酒的启动仪式；福音派教会号召会众在圣坛上向大家讲出自己的信仰；文身师艾米告诉我，许多客户把文身视为一种"锁定"和表达承诺的仪式，这有时甚至让她觉得自己像个牧师。她告诉我说："那是一个非常感人的时刻，一个人的余生就此改变。所以，我对客户的这块皮肤充满了敬意。"

在你完成了选择、投入、皈依和宣告整个过程后，你的承诺就会成为你的标签。通常，那些挥之不去的对后悔的恐惧至此就已消散。选择一个与你的生活格格不入的承诺，然后看一看它是否适合你的阶段已经过去了。现在，你已经将承诺内化，让它与你自己建立紧密的关系，成为你的标签之一。因为已经无须再做选择，所以恐惧感消失了。你的承诺已经成为你的一部分。

使 命

关于这个旅程，另一种说法是它是实现你的"使命"的过程——倾听它的召唤，然后去实现它。对此，贵格会有一句格言："让你的生命说话。"首先，正如作家帕克·帕尔默所解释的那样，你的内心会告诉你该成为什么样的人。然后，你对内心的声音做出回应，把你的使命告诉全世界。

布莱恩·麦克德蒙特（Brian McDermott）成为一名耶稣会神父已经50多年了。在谈到自己承诺成为一名神父时，他说当时的感觉就仿佛是"被人认领了"。

他说："没有非常神秘的时刻，只有教会生活的吸引力形成的稳定的暗流。"当被问及他是怎样做到年复一年投入工作、履行承诺时，他对这个问题的假设提出了挑战。

"如果这只与我的个人意愿有关，我早放弃了。"他说。承诺并不是需要你用尽全力去紧紧抓住的东西，它是一种关系。

"上帝抓住了我的心。"麦克德蒙特神父微笑着说。这就是受到召唤的感觉——它不断地牵动你的心，然后牢牢地占据了你的心。

使命感让我们的承诺变得神圣起来。它使我们将承诺看作来自内心深处的召唤，而不是我们随意做出的选择。使命感让我们能坦然面对自己的局限，不被未选择的选项所困扰，因为来自内心的声音，告诉我们无法选择全部也没关系。当你有一种使命感时，你就会知道你最能发挥作用的生活方式就是演好内心召唤的角色。

找到一种使命感就像是在一支庞大的管弦乐队中负责一种乐器。你的召唤与他人的召唤融合在一起，才能演奏出美妙的音乐。这是归属感的一种形式——让你的生命说话，就是和所有志同道合的人站在一起。这就是为什么我们可以认为承诺者是一种反主流文化的组成部分。当你爱一片土地，你就和所有其他热爱自己土地的爱国者站在了一起。如此一来，整个世界都是被人爱着的。当你爱着某个人，你就和其他爱着某个人的人站在了一起。如此一来，整个人类都是被人爱着的。当你在建造某样东西时，你就参与到了世界的重建工程中。当你管理某件事时，你就参与了维护世界的工作。

这种观点认为我们的生命之所以有意义是因为我们有目标。在我们追求我们的目标时，在我们响应我们的使命时，我们始终与最初对我们说话的那个内心深处的声音保持着密切联系。对后悔的恐惧也有另外一面，这种使命感就是恐惧带来的礼物。

之所以说它是一份礼物，是因为它将我们从自我中解放了出来。年轻人经常被指责以自我为中心，甚至是自恋。我们被告知要"克服"自我。但这是一种对自恋的误解。它实际上存在这样一个过程：当我们出生后，我们需要建立起自我（我们需要自尊）才能进入生活。在这一过程中，我们面临着被分成两个部分的风险：内在的真实自我和外在的自我。当我们建立起了外壳而没有建立起真正的自我时，自恋就产生了。结果就是我们不关心内在的自我，而外在的自我却在疯长。自恋的人是一群被自负的外壳包裹着的软弱的人。

自恋的感觉很不好，因为你知道自己内心脆弱，但又害怕被别人发现。当你看似坚固的外壳被击穿，你就完蛋了。这是一种恶性循环，因为你越虚弱、越害怕，你就会更加疯狂地加固外壳来保护自己。自恋不是对自我的执念，而是对自我外壳的执念。

但战胜自恋并不是一件轻松的事。"摆脱自我"的呼唤，让我想起了在我尝试戒掉可乐时医生告诉我的一句话："不要告诉自己'少喝可乐'，要告诉自己'多喝水'。"对于一种糟糕的情况，给出替代选择的效果比只给出警告更好。如果年轻人是自恋的，那么告诉他们"不要那么自私"并没有什么帮助。我们需要替代选项。

承诺，就是自恋的替代选项。承诺使我们能够超越我们的"外壳"，投身于比我们自己更伟大的事业。法国哲学家雅克·马里坦（Jacques Maritain）说过，生命的意义在于"以自我奉献为目的的自我控制"。这是成长需要面对的挑战——从自我控制转向自我奉献。从内向、成长、和谐的自我发展转向外向、公共利益和非自我为中心，是在哪一刻发生的呢？是在做出承诺的那一刻。

当你有了目标，你就会变得更加主动。你会更加关注你的内在价值而不是外在价值，因为外在价值往往会分散你的注意力。你会获得每个人都渴望的那种责任感：你可以成为一名生产者，而不仅仅是消费者；可以成为一个与世界有关系的人，而不仅仅是一个利用世界的人。做出了承诺的人常常发现自私无法产生足够的抱负，但是目标给了他们想要的那种挑战，给了他们很多人想要过的"热烈的生活"。

当我们在追求目标时，我们会变得更强大。我们会学习新的技能来履行我们的承诺；我们得以战胜在我们没有目标时不可能战胜的恐惧；通过履行承诺，我们内在的自我得到滋养。自恋营造的外壳是虚假的、脆弱的，承诺培育的自我是坚强的、一体的。它像树干一样坚实，而不只是一道墙。

当我们年轻时，我们经常想要远离这个世界。我们想要一个无拘无束的自我，外界的一切都无法触及我们，我们也不必承担任何责任、遵守任何规则。但这是一种有限的自由。用阿拉斯代尔·麦金泰尔（Alasdair MacIntyre）的话来说，就是"幽灵的自由"。目标能够让我们在这个世界之中获得自由。当我们与这个世界的一部分建立关系时，即当我们发展出一种对它做出反应的能力，并因此感到对它负有责任时，我们就获得了自由。当我们履行了这种责任时，我们会体验到真正的骄傲。承诺就是与他人共同拥有世界的一小部分，而在这样做的过程中，对于世界的爱意也会稍稍增加。

这种目标带来的自由比幽灵的自由要深刻得多。我的邻居克里斯托弗·费（Christopher Fay）对此有一个很好的解释。他解释道，通过承诺，"你在向自己证明你是一个有价值的人"，通过承诺，"你对自己更加诚实"。

生活就是这样奇怪又有趣：只有远离自我，我们才能发现自我。

第八章　关系的恐惧和友情的慰藉

承诺通常与他人的规则、他人的需求、他人的问题以及他人做事的方式有关。将自己与更宏大的事物联系在一起常常会带来混乱、焦虑和不适。这导致了另一种会妨碍我们做出承诺的恐惧：对关系的恐惧。这是对全情投入会威胁到我们的身份、声誉和控制感的恐惧。

身份、声誉和控制感

当我们和某样东西联系在一起时，就可能会变得更像它。这是一种风险，是对我们身份感的一种威胁。我们会担心地问自己，"我真的是做这种事的人吗"。为了履行新的承诺，我们需要克服我们先前存在的自我概念。

当有人说他们不想结婚是因为他们是"不喜欢谈恋爱的人"时,他们在一定程度上认为一段忠诚的关系威胁到了他们对个人身份的认知。当有人不想加入某项事业是因为他们不认为自己"对政治感兴趣"时,他们在一定程度上认为公开参与政治活动威胁到了他们对个人身份的认知。工会组织者说,他们经常遇到那些对加入工会感到担忧的工人,因为这些工人不认为自己是"那种会抱怨的工人"。

宾夕法尼亚州的社群组织者乔纳森·斯穆克(Jonathan Smucker)留意到,在关系和个人身份之间有一些很有趣的地方。他写道,在一个新成立的激进组织中,围绕组织使命宣言往往会爆发最激烈的争论,原因就在于比起组织建设中的其他部分,它与成员的身份认同的关系最为密切。他写道,在涉及团队成员"如何看待自己和确定自己身份"的问题上,很难形成妥协方案。

如果说身份威胁指的是我们的承诺可能会威胁到我们对自己的看法,那么声誉威胁就是指我们的承诺可能会威胁到别人对我们的看法。让-保罗·萨特(Jean-Paul Sartre)有一句名言:"他人即地狱。"这句话通常被认为是指不得不忍受别人是一件令人羞耻的事,我们最好一个人待着。但萨特这句话的真正含义是:其他人的存在对我们的生活形成了评判。

"仅仅由于他者的出现,"萨特写道,"我被置于作为客体被评判的位置上,因为我作为客体出现在了他者面前。""其他人"

之所以是"地狱",是因为他们让我们通过他们的眼睛来自我判断。

所谓声誉威胁,就是害怕别人的评价。我们害怕我们做出的承诺让别人知道之后,我们就会失去对自己公众形象的控制。如果在工作中你因为担心别人的嘲笑从不公开支持某个候选人,声誉威胁就在发挥作用。如果你不想加入一个宗教是因为在别人眼里这意味着你要为它的缺陷负责,声誉威胁就在发挥作用。如果你对与某人约会犹豫不决是因为担心你的朋友会因此知道你是什么样的人,也是声誉威胁在发生作用。作家卡斯帕·特·库伊勒(Casper ter Kuile)认为,声誉威胁是许多年轻人不愿与机构建立关系的原因。他说:"今天,人们一旦脱离了一个机构,就很难再投入另一个机构中去。因为他们觉得自己有义务去捍卫整个机构,包括它的历史、它的政治和它不可避免的失败。"

涉及他人的承诺也会威胁到我们对时间、精力和决策的掌控感。当我们与某件事联系在一起后,我们必须处理随之而来的混乱。你和某物产生联系是因为你喜欢它的一部分,但你不可能喜欢它的全部。我们能与之产生关系的很多东西,不管是事业、制度、社区还是他人,都是一团乱麻。你可以带走人或组织中你喜欢的部分,留下你不喜欢的部分。朋友有起有落;配偶性格暴躁;事业有内部矛盾;社区中人员芜杂,许多人难以相处;如果你要组建一支乐队,你需要找到各种乐器演奏者;如果你要开一家餐厅,你需要去市政厅办手续;并且,几乎做任何事都需要开许多无聊的会议。

有时，对控制感造成威胁的不是伴随新承诺而来的混乱，而是同样可能伴随而来的秩序。机构有仪式、典礼、惯例和规范，其中许多令人生厌。从事手工业，一个人必须遵循某些行规，尤其是在刚刚入行的时候。事业有时需要你为了团队做出牺牲。你加入一个宗教是因为你喜欢它的大部分内容，但它的某些部分并不适合你。一开始，你跟随你的愿望选择了一些比你自己更重要的东西，但因为它比你自己更重要，它最终要求你做的也比你最初选择时想做的更多。你不得不问自己："我可以接受一部分，但我必须接受全部吗？"

关系也迫使我们比自己预想中要更多地展示自己。为了与他人共同做出承诺，我们必须更多地袒露自己，包括我们的弱点、优势、能力和兴趣等。我们建立关系的时间越长，透露的信息就越多。从长远来看，我们会因为真实的自我而团结在一起。但是，这也让我们变得十分脆弱。散文家蒂姆·克莱德尔（Tim Kreider）所写的句子"如果我们想要得到爱的回报，我们就必须接受被人了解的痛苦"，表达的就是这个意思。

对自我的两种观点

为了克服对关系的恐惧，我们需要改变看待自己的方式。我们之所以对我们的身份、声誉和控制感所受到的威胁感到恐惧，是因为我们将自我视为静态的和孤立的。根据这种观点，我们有很多固定不变的个人特点："我喜欢寿司，我最喜欢的乐队是滚石，我是湖人队球迷，我是一名电工等。"这就像约会网站资料或脸谱网个人页面一样，你列出自己的偏好，而你的人生任务就是找到能满足这些偏好的人或产品。

如果你认为你自身是静态的、孤立的，那么任何无法与你契合的东西都将成为一种威胁。如何才能做出符合你的"真我"的选择，这件事会让你感到焦虑。但是完美的匹配并不存在。没有任何事业、地点、社区、手艺、职业能与你目前的所有特质完美契合，当然也不存在能与你完美配对的人。

但还有另一种自我观，能让我们更好地做出承诺。这种自我观认为自我不是静态的，而是动态的；不是刚性的，而是有机的。按照这种观点，我们的身份不是固定不变的，而是通过我们的关系建立起来的；我们的隶属关系不会威胁到我们的公众形象，反而会美化它；当我们成为社群的一分子时，我们不仅不会失去控制感，反而会感到它得到了强化。根据这种观点，自我是内在的，它会从我们的承诺中浮现出来。

身份和内在的自我

在这种对自我的另一种看法中，我们不是通过一系列静态的个人特质（如喜欢寿司、滚石乐队、湖人队，是一个电工等）塑造我们的身份，而是通过我们承诺产生的关系来塑造。他人和机构不会威胁到我们的身份，反而对我们塑造身份有很大帮助。

过去 50 年，比尔·桑顿（Bill Thornton）一直在佛罗里达州圣彼得堡的埃克德学院为体育赛事计分。他做计分员的时间如此之长，因此被光荣地列入了埃克德学院体育名人堂。在校园里，他被称为"埃克德运动界活的百科全书"。埃克德的篮球教练对《坦帕湾时报》（Tampa Bay Times）的记者这样描述："他是彻彻底底的埃克德人。"这就是内在的自我：从你的承诺中浮现出来的自我。

社会学甚至有一个名为"关系社会学"的分支，它认为是我们进入的关系和我们将自己嵌入其中的社会网络决定了我们是谁。关系社会学家认为，我们的人际关系决定了我们如何看待自己，我们相信什么，我们遵从什么期望和要求，以及我们如何行动。在他们看来，个体间的交往，并不是稳定的个人"特质"间的相互作用。相反，正如关系社会学家穆斯塔法·埃米尔拜尔（Mustafa Emirbayer）所解释的那样，社会交往这个小世界是由"动态的、逐渐明朗的关系"组成的。

21 世纪之初，社会学家齐亚德·曼森（Ziad Munson）对反堕胎活动人士进行了研究，试图了解是什么驱使他们采取行动。他的假设是狂热的信仰导致了狂热的行动。这似乎是一个常识：有人对一项事业充满热情，因此加入了它。但是，当曼森系统地采访了这些活动人士后，他发现情况往往是相反的：许多受访者先是加入了一个活动人士团体，后来才形成了狂热的信仰。他解释说，这些积极分子受到朋友、邻居、室友和家人的邀请，参加了反堕胎活动或加入了某个组织，但当时他们对这项事业还没有特别强烈的感情。他们会加入其中，不是因为他们对这项事业有好感，而是因为他们觉得自己与邀请他们加入的人关系亲密。然而，在他们加入这项事业之后，他们逐渐成为狂热的信徒。

斯坦福大学的社会学家道格·麦克亚当（Doug McAdam）对民权运动"自由之夏"的参与者进行了类似的研究，并得出了相似的结论。在对参加"自由之夏"活动的人和报名后退出的人进行比较之后，他发现谁能坚持到底的决定因素并不是他们自身对意识形态的热情，而是一个人有多少亲密的朋友报名参加了活动。从而得出结论：我们高估了个人信仰的力量，低估了人际关系对我们行动的决定能力。

民主理论家约翰·杜威（John Dewey）沿用了这一思路，他认为把"自我"和"社会"视为完全独立的是错误的。在杜威看来，自我的一部分是由社会建构起来的。对杜威来说，自由不能脱离社会，通过社会才能获得自由："通过社交，人获得了个性；通过社交，人体现了个性。"社会和自我之间有一种互相成就的关系：人造就了社会，社会也造就了人。

社会关系塑造我们的一个主要方式是给我们一个记分牌，告诉我们什么是值得追求的目标。只有当他人对一个人应该擅长什么抱有期望，并且理解了擅长它意味着什么时，你才会知道自己该擅长什么。只有当社区赋予了你角色、任务和共享需求时，你才会知道该去努力争取什么。如果社会认为篮球技术没有价值就没有勒布朗·詹姆斯（LeBron James），没有绘画和艺术博物馆文化就没有乔治亚·欧姬芙（Georgia O'Keeffe），没有大众就没有艾瑞莎·弗兰克林（Aretha Franklin），没有公众的定义就没有"有史以来最伟大的人"。

当我们与比自己更宏大的事物联系在一起时，我们不仅与其他活着的人联系在一起，我们也与新的祖先联系在了一起。克里斯托弗·拉什（Christopher Lasch）称过去是"一个我们可以从中提取政治和心理知识的宝库，这些知识是我们在应对未来时所需要的"。西蒙娜·韦伊写道，"那些过去留存下来，供后来者消化、吸收和重新创造出来的财富"是今天的创造性活动的"生命力之源"。组建一个新群体的首要任务之一不仅需要把一群当下的人聚集在一起，勾勒未来的愿景，也要将前人以及他们的"财富"和他们的"生命力之源"纳为己有。这种连接，会将你们与你们之前没有参与的历史联系在一起。

当我们不再把自己看成静态的、完全独立的自我时，我们会发现承诺以及随之而来的社群可以为我们提供丰富的、沉浸式的个人身份。它们为我们提供了角色、目标、生活准则、未来愿景和历史。承诺不仅给我们提供了丰富我们私人身份的良好素材，也改变了身份的实质。当我们把自己嵌入我们的承诺中时，身份就变成了一条双向通道：它不仅代表了我们所拥有的东西，也包括了在我们与他人的关系中存在的东西。身份不仅体现了你与他人的差异，也体现了你与他人的共性。

作家杰弗里·比尔布罗（Jeffrey Bilbro）称之为"召集"，即成为比我们自身更宏大的事业中的一员的行为。这个词的本义就很贴切：因为受到召唤而与他人聚集在一起，分享共同的使命。我们与事业之间的纽带召唤着我们：使我们成为某种超越我们自身的事业中的一员，它将我们社区中的所有人联系在一起，同时向过去和未来延伸，将我们的祖先和我们的后代也联系在一起。"这不是一支个体的生命之歌，"温德尔·贝里在他的一首诗中写道，"而是一代代人的生命交织、重叠而成的连绵不绝的合唱。"

声誉和嵌入的自我

把自我看作嵌入的和浮现出来的，而不是静态的和孤立的，也会改变我们看待自己声誉的方式。我们害怕关系，因为我们担心我们与他人的联结会让他人对我们的评价降低。最极端的情况是，许多名人会这样做：精心经营他们的关系，将自身吸引力最大化。你可以在一个不愿在有争议的问题上表明立场的体育明星身上看到这一点，也可以在一个试图创作一首能引起所有人共鸣的歌曲的音乐家身上看到这一点。他们试图剥离自己身上的一切特殊性，通过抽象化和普适性赢得普遍的赞誉。

但从长远来看，这种策略通常不会有好结果。大多数人尊重另外一个人，是因为他身上具体的和特殊的方面，而不是抽象的和普遍的方面。以罗夏墨迹测验（Rorschach test）的方式示人可能会在一段时间内奏效，但它不会持久。我们可以用一个短语形容那些试图回避建立具体关系的人：他们"缺乏实质内容"。

变得特别是承担责任的一种形式，无论这种责任是有益的还是有害的。中产阶级和盗用文化的人如此令人厌恶，这也是部分原因：他们只想要某些特定地方或社区表面的古怪和风格，而不想为这些地方或社区的建设而斗争。这也是那些在一项事业流行起来之后才加入的政客会遭到质疑的原因。他们的行为都是在"搭顺风车"，占了那些从一开始就忠诚地投入某一特定事业的人的便宜。

变得特别不仅仅是为了受到尊重，它还与你是否能引起共鸣有关。这就是乡村音乐和嘻哈能将世界各地的人们联系在一起的原因。比起其他艺术形式，这两种艺术形式有更多的特别之处，包括特别的英雄、特别的地点和特别的用词。一首歌词的内容越具体，听众的感觉才会越好。地球另一端的人可能不知道什么是西弗吉尼亚、什么是蓝岭山脉，也不知道谢南多厄河的风光和"矿工夫人"的含义，但他们会将约翰·丹佛与乡村道路联系在一起。正如作家娜塔莉·戈德堡（Natalie Goldberg）曾经说过的那样："一朵花"和"一朵天竺葵"，哪个更能引起共鸣？

事实上，特殊之处才是发现共性的最佳地点。《旧约》学者沃尔特·布鲁格曼（Walter Brueggemann）曾描述了这种悖论在各种宗教中出现的方式。他称之为"特殊的丑闻"，即神明通过特定的人来传达他涉及全人类的计划，比如特定时期特定群体中的一名特定的先知。在基督教中，上帝甚至通过一个特定的人（耶稣）化为肉身，这个人出生在特定的城市（拿撒勒），在特定的时代（希律王统治期间），由特定的母亲（玛利亚）所生。拉比理查德·弗里德曼（Richard Friedman）谈到了《创世纪》的故事是如何从关于宇宙的宏大叙述开始逐渐缩小的。它"从宇宙到地球到人类到特定的土地和人民"，最后缩小到"一个家庭"，即亚当、夏娃和他们的儿子，该隐和亚伯。

这可以说是一个"丑闻"，因为一个无所不能、无所不知的存在会选择特定的人分享一个如此具体的信息，这看起来太荒谬了。根据神学家的解释，之所以会如此是因为人类无法与抽象的一般概念建立关系——我们会爱上具体的人，但我们无法爱上一个抽象的一般概念。

控制和嵌入的自我

这种新的自我观也改变了我们对自身控制感所受威胁的看法。当你处于独立或孤立状态的时候，你拥有某种控制感。你可以做你想做的事，想什么时候做就什么时候做，并且想怎么做就怎么做。但当你身处社群之中并与其他成员团结一致时,你会获得一种更强大的控制感,因为你可以获得由人数优势带来的所有好处。在开始时,为应对社群形成过程中的不确定性,你需要放弃一些个人的控制力,但你最终将会获得比开始时更多的力量。不过到达终点前,你必须先经过一个让你感到不舒服的阶段。

把人们聚集在一起的艺术就是带领人们越过个人控制到达共同控制之间的阶段。这就是社群组织者的工作:一个人接一个人,一步接一步,他们帮助社群成员离开他们现在不合理但稳定的舒适区,克服冲突造成的不确定性,最终形成一种更合理的状态。这也是许多创业公司的创始人所做的事情:他们劝说人们辞去工作,加入一个充满不确定性的企业,并希望它在经历了几年的混乱之后,随着时间的推移成长为一个稳定的新实体。

这也是每对已婚夫妇都要经历的阶段。你们结婚是因为你们彼此相爱,享受彼此的陪伴。同时,你们结婚也是因为整体大于部分之和,即你们两个人在一起比各自单独生活时更强大。然而,要享受这种共享的力量,从稳定的单身生活到稳定的夫妻生活,你必须接受过渡期的痛苦和尴尬。

这个过程很艰辛,你要经受对方的烦扰、要求、误解、失望、恐吓、轻视、评判、唠叨、伤害和贬低。但是不经过混乱阶段,社群就无法建立。任何一个群体,不管是两个人还是两百人,如果想要找到合作的方式,这些都是必由之路。耶稣会神父詹姆斯·基南对于这个挑战有一个很美好的描述。他说,这就是对"仁慈"的呼唤，即一种"愿意进入他人的混乱之中"的呼唤。对基南神父来说，表现出仁慈并不是什么伟大的行为，而是用数百次小小的和解回应所有这些轻视、对立和关系中的困难。如果把社群建设比作过山车的轨道，仁慈就是你乘坐的车辆。例如，基南写道，在婚姻中"仁慈如香膏一般，帮助配偶进入彼此的混乱中，并原谅对方，不是一两次，而是无数次"。

随着时间的推移，你会发现你越来越不需要使用"仁慈的香膏"。通过相处和相互理解，你会发现避免冲突的方法。社群从冲突中诞生，随之而来的是一种新的控制感。

社会科学中，对于社群力量的研究成果是最多的：当你身处一个社群之中，你会变得更健康、更富有、更快乐，受到更多教育；会有更多的人关注你，向你寻求建议，给你提供新的机会。当你周围的人彼此了解，彼此信任，相处融洽时，事情就更容易做成。但了解社群的力量并不需要通过学术研究，因为这种理念到处都是。这就是"合则立，分则败"和"人人为我，我为人人"等口号背后的精神实质。工会歌曲《永远团结》("Solidarity Forever")和本·富兰克林在独立战争动员大会上的呼喊"加入还是等死"背后也是这一理念。一幅特别受欢迎的关于社区组织的漫画背后也是这一理念：在第一格漫画中，一条大鱼正在吃一群小鱼；在第二格漫画中，小鱼聚集在一起，形成一条更大的鱼，把大鱼吃掉了。漫画的标题是："组织起来！"

但是，如何克服与他人联系在一起的终极焦虑呢？为了克服我们将被迫展示比我们想象中更多的自己的担心，我们需要学会将与人建立关系的弱点（即克莱德尔所说的"被人了解的痛苦"）看作一个机会。进入社群是一个成为英雄的机会。如果不向你的社群展示你是谁，你的英雄之旅该如何展开呢？

事实上，英雄主义只存在于特定群体的特定神话体系中。我的意思是，社群以及随之而来的社群文化，告诉了我们谁是英雄。对滑板运动员来说，是跳出超越极限的距离；对老师来说，是让闹腾的班级集中注意力和主动学习；对喜剧演员来说，是在台上用一个尖刻的笑话让观众大笑起来。

当你觉得自己是神话的一部分时，你的日常行为就充满了神圣感。加布里埃拉·格拉杰达保持了玻利维亚文化的生命力，或者瑞安·格拉韦尔将自己融入亚特兰大的历史，他们的神圣感就来源于此。我们的社群为我们的生活提供了观众，同时我们也是社群中其他人的观众。当我是群体实践的一部分，哲学家阿拉斯代尔·麦金泰尔解释道："我不仅负有责任，我还总是能要求别人负责任……我是他们人生故事中的一部分，他们也是我人生故事的一部分。"

当遗传学家苏珊·韦斯勒第一次参加科学会议时，她很尊敬所有的"老前辈"。这些"受尊敬的前辈"领奖并发表主题演讲，让苏珊深受启发。随着时间的推移，她看到自己逐渐成为别人尊敬的长者，这种感觉很奇妙。她若有所思地说："你先是看到你的学生出席会议，然后你看到你学生的学生出席会议，这种感觉真的很神奇!"

这就是神话形成的过程:你在一个宏大的叙事中扮演了一个英雄的角色,这是一种非凡的感受。从你的承诺中生发出的结构和意义,向世界展示你是谁,也许更重要的是向你自己展示了你是谁。这让承诺成为一件好事,而不是一件可怕的事情。

"十二步计划"是一种针对那些感到失去人生意义的人的方法,这种方法可以给予那些生活混乱、感觉自己接近或触碰到"谷底"的人一个全新的社群和神话。通过这种方法,他们为自己找到了一段新的英雄之旅。

中学时,我的朋友罗杰开始吸毒。他一直觉得社交很尴尬,毒品文化让他第一次感觉自己能够真正融入一种文化。但事情最终失去了控制。他辱骂警察,攻击他人,还因为在学校贩卖毒品被捕。他数次被送进精神病院强制治疗,还被高中开除了学籍。对他来说,更糟糕的是他惹的这些麻烦正在把他的朋友们从他身边推开。他吸毒的全部原因是为了获得归属感,但这种感觉消失了。

一天,我们镇上的一个朋友告诉罗杰,自己使用了"十二步计划"并取得了成功,他鼓励罗杰也去尝试。罗杰参加了第一次聚会,而这次经历让他十分震惊。"我听了一个女人的发言,她比我见过的任何人都要坦诚。"他回忆道。

"那里的人会说出自己的恐惧。"他回忆起有一个人告诉他,那人说自己在社交场合非常紧张,以至于在"十二步计划"聚会前后，为了避免与大家聊天，他常常躲在浴室里。

"我当时就想，这就是我的感受！"罗杰回忆说，"这简直让我震惊，我无法相信世界上竟然有这样一个地方，大家与我有共同的恐惧，而我一生都在竭力隐藏这些恐惧。"

尽管他去参加了互助会，但他仍然在吸毒和酗酒。他无法摆脱过去的生活，因为他害怕放弃与他人一起吸毒带来的"那一点点不孤独感"。但最终罗杰在他确定（但灾难性的）"不孤独"的过去生活和不确定但可能挽救生命的戒毒社区之间做出了选择。他全身心投入一个"十二步计划"中。

罗杰解释说，他在加入团队后做出了一连串的承诺。首先，他必须本人到场并证明自己是清醒的，然后承诺加入这个小组。然后他找到一个人做担保人，并承诺每天给他打电话。他被鼓励参加了一个叫作"90 天 90 次"的项目，即在 90 天内参加 90 次聚会。当时这甚至是他在很长一段时间里自由选择并坚持去做的头等大事。社群给了他做出和庆祝这一承诺的方法和空间。

罗杰完成了这些步骤后，他在旅途中就不再是一个人了。他开始思考如何帮助他人戒毒戒酒，并开始认为帮助他人也是一种自我帮助。当我听他讲述这个故事时，我明白了罗杰是如何将十二步的神话内化的，以及他是如何将自己融入神话，并在其中找到自己的英雄之旅的。他承诺得越多，人们为他庆祝得就越多。他对这个团体使用的不同符号、仪式和措辞了解得越多，他就越能找到归属感。当他谈到"十二步计划"时，表现得相当尊敬。当我请他剖析并理性分析某一步骤的机理时,他说感觉这样做有点"亵渎神明"。他解释说,你不应该像律师那样去考虑每个步骤,你必须尊重它们的内在精神。

罗杰有时会惊讶于这个项目已经成为他身份的一部分。最近,他有个同事一直让他很烦心。他气坏了,因为一些事对同事大发脾气。然后他想,参加"十二步计划"聚会的人对此会跟我说些什么呢?他觉得他们可能会说,愤怒和怨恨是毒药,让愤怒吞噬自己与服毒无异。因此,在发完脾气之后仅仅一分钟,他转身走到他的同事面前说:"我并不想这样。我很抱歉。"

这个神话又一次控制了他,引导他回到了一种共享的生活方式。"这些原则在我心中是有生命的。"他说(同时补充说,本着这些原则的精神,总有改进的空间)。罗杰已经戒毒十多年了。与从前相比,他拥有了自如的社交生活,并对未来充满了目标。

关系和改变

本章的故事都与如何适应社群的生活方式并与之保持一致有关。我能理解为什么有些人会认为这种承诺与成为严格的传统主义者有关。但实际上,情况往往恰恰相反。借助承诺产生的社群,不仅能让我们保持不变,也是实现改变的最佳途径。

无条件的爱是对一个完整的人的深刻承诺,而不是对他表现出来的特质的承诺。这种爱能够赋予我们改变的能力,而不是限制我们做出改变。我有一个小学时的朋友，大家都觉得他傻乎乎的，做事也离谱，说话也离谱。随着年龄的增长，他想要做出改变，但他担心他的一些朋友会不喜欢新的他。的确，当他开始改变与他人相处的方式时，他的一些老朋友一直试图让他回到以前的样子。但他有足够多的朋友，他们了解真正的他，也爱真正的他。这些朋友让他感受到了充分的安全感，从而敢于去改变自己。

当我们孤身一人时，很难改变自己。改变自己是一件既困难又可怕的事，而一个以承诺为基础的社群能帮助你渡过难关。例如，让一个新移民适应一个新国家的最好方法是什么呢？与直觉相反，不是与原来的族群保持距离，而是加入一个由本国移民组成的组织（例如，希腊裔美国人或埃塞俄比亚裔美国人俱乐部）。在现实生活中，这些团体并没有像一些人所说的那样，将移民与新国家隔离开来。相反，它们给了成员们信心，也让他们有了更多的社会关系，得以进入更广阔的社区。当你的人际关系能给你更强的身份认同时，你就可以全身心投入新的事物中，而不担心会被其同化。

承诺也可以在更大层面上促成改变。要做出改变，你需要有一个共同担负责任的团队。这与你是否有才华或有魅力没有关系，因为大多数目标都不可能靠单打独斗实现。解放人民离不开有奉献精神的人。你需要新传统改变旧传统，需要新规则改变旧规则，需要积极的思想发起负面的批评，需要更深层次的道德挑战肤浅的道德。

为了改变一个社群，我们通常需要与它产生利害关系。否则，我们不会被认真对待。承诺往往需要在改变之前出现，即我们在成为改革者之前，先要成为社群的成员。这就是社群组织者乔纳森·斯穆克对"积极分子"这个词不太赞同的原因。斯穆克写道，历史上大多数变革性社会运动都是通过将已经融入正常社区生活的人政治化，进而将他们发动和组织起来而取得成功的。劳工运动发动的是工厂里的工人，而不是工厂之外的人；民权运动发动的是教会和社区团体的成员；反对越战运动成功的唯一原因是将那些学生已经有了较好社会活动基础的学校发动了起来。

如今，许多自称积极分子的人将自己独立于正常的社群之外。他们成为亚文化的一部分。用斯穆克的话来说："他们具有一种以爱好为中心的特定身份，例如滑雪者、戏剧爱好者或吃货。"为得到支持，成为亚文化的一部分可能是有用的。但仅仅成为亚文化的一部分，通常不足以支持改变发生。如果我们只是一个亚文化的成员，我们就会被视为局外人，我们的主张就没有那么大的影响力。斯穆克认为，有社会意识的人能采取的最佳行动是重新融入他们希望改变的地方、社群和机构。有时这很难，因为社群可能不欢迎你，很难加入。但为了改变这些社区，加入其中往往是必要的。斯穆克写道，如果你不说"我们"，只说"你"，无法将人们组织起来。但只有通过承诺，一个人才能成为"我们"中的一员。

并不一定是在多么伟大的事业中，在各个领域的突破中都能看到这种现象。工匠们会说为了超越一门手艺，必须先掌握它。我们可以看到，毕加索早期的画作其实很传统。在人际关系中最能充分体现这一点：你必须先赢得某人的信任，才能给出建议。

从很多方面讲，我们的整个民主体系就是一种承诺与变革交织在一起的实践。民主就是将改变不断制度化的过程。这是一种政府制度，将罢免领导人、修改法律、保持喧嚣的对话和永不停息的重建项目合法化。但是民主需要人们对它保有一些忠诚才能发挥作用。政治哲学家丹妮尔·艾伦（Danielle Allen）写道，在一个民主国家，政治斗争中优雅的失败者应该因自己的牺牲而受到感谢，因为尽管他没有如愿以偿，但他仍愿意遵守游戏规则。用艾伦的话来说，一时的赢家和输家都需要"一直热爱民主"，因为这样一来，冲突带来的痛苦才物有所值。

与政见不同的人进行一次简短的政治对话，这种最简单的民主也需要我们做出承诺。坐在谈判桌前的双方，都应带着诚意。如果你不能严格遵守规定的程序，你就没有改变的机会。和解、转变、发现共同点或更高层次的合题，甚至是共同文化的发展，是民主运作所必需的。如果双方可以轻易离开一个对话，那么这些都不会出现。

一个独裁政权不需要其公民的承诺，因为矛盾是由有权势的人处理的。没有共同目标的自由也不需要承诺，因为没有必要进行对话。在民主体制中，我们一起为一件事而努力，所以因关系产生的矛盾需要所有人一起处理。没有为解决这种矛盾所做的承诺,就不会有民主。

团结一致

在因关系产生的恐惧的另一面,是团结一致带来的机会。这是一种感觉,当你向比自身更宏大的事物做出了承诺,你会感到它也对你做出了承诺。这不仅仅意味着你会成为一个牢不可破的人,还意味着你有机会成为一个牢不可破的社群的一分子。

马丁·路德·金经常这样描述团结精神:"所有人都被困在一个无法逃脱的相互关联的网络中,乘坐着同一条命运之船。它会直接影响一个人,还会间接影响所有人。在你成为你应该成为的人之前,我永远不能成为我应该成为的人。"

北卡罗来纳州的一位组织者山姆·沃恩斯(Sam Wohns)认为,团结是将利己行为与利他行为相融合的过程。我们倾向于认为自利就是自私的同义词。但是山姆说,当我们与他人团结一致时,自我解放就与他人的解放融为一体了。此时,延迟满足,不去追求我们当下想要的每一件事,不再仅仅是自利的行为;做出无私的选择也不再是一种负担,而会成为快乐和满足的源泉。

通过这种方式,我们个人对快乐的追求就变成了一项共同事业的一部分。托马斯·默顿在庆祝活动中发现了这一点。用他的话来说,庆祝就是"所有人在一起制造欢乐"。"庆祝不仅仅是制造噪音,不仅仅是兴奋地甩头,也不仅仅是一个人兴高采烈。"他写道。当我们庆祝时,我们正在创造"一个共同的身份,一种共同的意识"。

我们也许可以用更简单的方式表达。当我们克服了对关系的恐惧,当我们与他人拥有了共同的追求,当我们能够团结在一起共同庆祝,我们最终会拥有更多的朋友。大学毕业后,我的朋友亚历克斯迷上了万智牌(一种纸牌游戏)。当他在布朗克斯的医学院读书时,他通过搜寻附近举办比赛的门店,发现了一家名叫"老巢"的简陋的小漫画书店,人们可以在书店深处的桌子上打牌。在这家书店,亚历克斯找到了一个可以一起玩牌的核心群体。医学院里的其他人都觉得自己和附近的社区没什么关系,但亚历克斯很快就拥有了十几个来自各行各业的朋友,并经常和他们会面。他们职业不同,有杂货店的店员,也有工程师;他们年龄不同,有中年人,也有青年人;他们种族不同,政治观点也不同——但他们通过万智牌走到了一起。

最开始,亚历克斯到"老巢"打牌只是为了逃避学业的压力,但牌友们很快就发展成了一个社群。他在长岛的一个少数民族飞地长大,是正统的犹太教徒。他所在的小镇上,每个人都很虔诚。当地文化是围绕传统和仪式组织起来的。对亚历克斯来说,他在"老巢"的社群与他的家乡有一些惊人的相似之处。对于正统的犹太教徒来说,有义务去参加一些仪式,因为这些仪式需要十个人出席才能举办。亚历克斯记得,当他还是个孩子的时候，人们打电话给他的父亲或祖父说："我们还差一个人就满十个了。"纸牌游戏当然与宗教仪式不同，但对亚历克斯来说，当他接到电话，听到还需要一个人才能凑够八个人打比赛时，也会有一种熟悉和安慰的感觉。

一天，一个叫马克的孩子来到"老巢"打牌，很快就和亚历克斯还有其他人玩在了一起。不久，亚历克斯等人会在比赛后邀请马克去熟食店吃汉堡。因为马克年纪太小了，大家会帮他付账，请他和他们一起去比赛。马克记得，他在一次锦标赛中表现得比预期的好，每个人都给了他诚挚的祝贺。他是一个极端内向的人，他感觉是"老巢"把他从自己的壳里拉了出来。

马克最终向大家坦白了他的成长背景。他在得克萨斯州的一个乡村小镇长大。他没见过自己的父亲，母亲有毒瘾，无法照顾他。上高中时，为了养活兄弟姐妹，马克开始做全职工作。他辍学后，来到布朗克斯区与祖父一起居住，但他的祖父对他并不好。他记得亚历克斯对他说："马克，如果你需要什么，尽管开口。如果你需要地方住，可以睡在我的沙发上。"

当马克的祖父把他赶出家门时，马克给亚历克斯打了电话。亚历克斯让马克在自己的房子里住了几个月，并帮助马克与社会工作者和社会帮助项目取得联系。他们最终找到了一个友好的青年收容所，那里有一个马克可以参加的教育项目。当马克从这个项目毕业并拿到他的高中文凭时，他邀请了他的父亲、祖父和亚历克斯参加毕业典礼，但只有亚历克斯一个人来到了现场。作为毕业礼物，亚历克斯送给马克三张特殊的万智牌。一直到现在，马克都把它们看作自己最珍贵的财富，他也把亚历克斯当作自己的家人。

马克不确定如果没有"老巢"书店的那群人，他现在是否还活着。后来他回到了得克萨斯州，但一直和亚历克斯及其他人保持着联系。他最近还和团队中的另一个人一起去看了一场马刺队的比赛。马克说，在"老巢"书店的时光让他有信心成为一个更擅长交际的人。他觉得自己有责任把自己得到的爱传递出去。现在他生活得很好，他会主动去跟新社区里那些内向的人打招呼。

我们知道与人建立关系在一开始会让人感觉不适应。但在这种不适的另一端是友谊，以及高品质朋友带来的欣慰感。如果你能挺过最初的不适，朋友带来的安慰最终会盖过对联系的恐惧。在你心目中，对自己身份、声誉和控制感的威胁的重要性将会降低，与你的同伴们一起去完成任务将变得更加重要。

想一想百乐餐。与自己最喜欢的饭菜相比，很少有人真正喜欢百乐餐上的食物。但当我们被邀请参加时，我们还是很愿意加入其中。大家都带着自己做的菜，聚在一起。如果这是一年一度的聚餐，可能会留下一些趣闻——极好的一道菜或极为可怕的一道菜的故事，而带来有名的纸杯蛋糕、鸡翅或土豆沙拉的人有机会成为群体中的英雄。

这种活动很混乱，也很耗费时间，并且显然没有待在家里自在，但当聚餐到了深夜，它会变成一件很美好的事。大家围着餐桌，聊着最近的新闻或别出心裁的蘸酱，社群在不知不觉间就建立起来了，聚会就有了意义，大家的友谊也加深了。对这份快乐的出现，每个人都做出了贡献。

第九章　错过的恐惧和深耕的快乐

无聊、分神、诱惑、不确定性，这些都是对坚持承诺的威胁。在长期奋斗的过程中，我们心头难免会涌起这样的感觉：生命只有一次，我为什么要在这儿开这个会呢？这是一种对错过的恐惧，它不仅源于你本可以做出的其他承诺，还源于你在没有做出当下承诺的情况下可能经历的所有新奇时刻。你感觉到，在你正在坚持的漫漫长路之外，还有无穷无尽的其他选择。

新鲜感和目标

作家菲利克斯·比德曼（Felix Biederman）认为有两种力量在生活中推动我们不断前进，分别是新鲜感和目标。我们能从床上爬起来，是因为这一天可能会有新奇的或有益的事情发生。当过度依赖新奇的事物推动我们的生活前进时，就会慢慢开始 FOMO（害怕错过），因为我们觉得必须不断提升我们的体验，才能感到自己是活着的。当感受到可能会受到束缚时，我们会在一瞬间意识到承诺将阻碍我们去体验给予我们生命力的新奇性，所以我们决定保持开放选择。

对于哲学家索伦·克尔凯郭尔（Søren Kierkegaard）来说，这是"审美"模式下的生活。在极端情况下，你会认为一切要么是有趣的，要么是无聊的。你不会爱上别人，但你爱坠入爱河的感觉。你去参加抗议不是因为你在意一项事业，而是因为你认为可能会发生一些有趣的事情。你不会成为任何地方的一部分，因为你喜欢游客身份带来的刺激。这种"审美模式下的生活"是一种无须承担义务就能获得一种身份的方式。当没有人深入了解你时，你的表面特征就会凸显出来。

但即使我们保持开放选择并设法找到了能稳定地提供新鲜感的娱乐项目，这种状态也不是可以长久持续的。新鲜感是递减的。我们可以从网络疲劳现象中看到这一点。我记得，在社交媒体刚刚出现时，一些令人震惊的或有趣的视频会引起极大热度。开始，它们会连续几周成为人们谈论的话题；很快，病毒式传播的视频只能吸引我们几天的注意力。如今，互联网上最有趣的东西也只有几分钟的保质期。正如西奥多·阿多诺（Theodor Adorno）和马克斯·霍克海默（Max Horkheimer）所说："娱乐最终变成了无聊。"

目标的作用机制正好相反。新奇事物一开始是令人兴奋的，但新鲜感会随着时间的推移逐渐消失，而目标往往一开始是无聊的，随着时间的推移变得越来越让人兴奋。当我们的生活是由新鲜感驱动时，我们害怕错过热门的新事物；但当我们的生活是被目标驱动时，错过的东西就不一样了。我们开始意识到，如果我们总是被热门的新事物所吸引，我们将错过深入目标的体验。如果我们不在孩子身上倾注更多精力，我们就会错过看着他们成长和了解他们的机会；如果我们不安定下来，就会错过成为社区长者的机会；如果我们不开始一个项目，我们就无法知道我们是否可以取得一个长久的成果。当你和有目标的人交谈时，特别是与那些已经在深入探索的人交谈时，你会发现他们已经不需要在新鲜感和深度之间权衡。他们会告诉你，深度是最强烈的新鲜感。

玛丽·达西（Mary Dacey）修女50多年来一直是圣约瑟夫修女会（天主教修女会）的成员。她并不觉得需要在承诺和保留选择权之间做出权衡。达西修女加入修女会时，宗教生活正在发生巨大变化。修女们开设了无家可归者服务机构、家庭暴力庇护所、监狱服务部门和难民援助中心。达西修女承担的行政职务和财务规划职责是她那一代许多社会女性没有机会承担的。通过一种在外人看来可能显得愚蠢的承诺，她发出了自己的声音，并逃离了世俗社会的桎梏。她说："我本来很想结婚，我的承诺让我失去了这种可能。但承诺让我拥有了更多选择。"在达西修女的案例中，承诺发展为建立人际关系、经验和领导力的机会。如果不做修女，她永远不会获得这些。

感恩而死乐队（Grateful Dead）的鼓手米奇·哈特（Mickey Hart）是第一个公开使用"YOLO"这个短语的人，在20世纪90年代初，他将自己位于加州索诺玛的牧场命名为"YOLO"。他选择了这个名字，并没有什么经济意义，他只是想："嘿，你只有一次生命。"但牧场最终成为哈特的落脚点。他在牧场建了一个大录音棚，举办各种聚会，招待新老朋友。后来，这个牧场成为一个音乐中心和社区中心。事实证明，"YOLO"传达出的信息是你要深入一段关系中，而不是将自己从关系中解放出来。

因为你只有一次生命，所以要更加深入。如今，哈特的牧场已经成立了30年了。为了克服对错过的恐惧，我们必须完成切换，不再从新鲜感中寻找生命的意义，而是从目标中寻找生命的意义。

深入是一种超能力

想要更加自信地完成这种切换，我们需要时刻牢记，深入的力量会战胜新鲜感带来的即时的快乐。

亨利·沃兹沃斯·朗费罗写道，成为铁砧还是锤子，我们必须做出选择。我们要么去塑造世界，要么被世界塑造。如果你从不深入，你将永远是铁砧。而成为锤子最可靠的途径就是深入。如果我们总是浅尝辄止，我们很容易随风飘荡。我们追逐一个又一个闪亮的东西，但我们没有足够的力量阻止世界对我们的摆布。但当我们开始深入，我们就恢复了对自己的掌控。我们不再去追逐闪亮的东西，而是努力成为"闪亮的自己"。当一个一心一意的人不想被改变时，他们就不会被改变；当一个一心一意的人需要去改变世界时，他可以改变世界，因为他是一个有影响力的人。坚持目标产生的深入是一种超能力。

以技艺为例。如果你没有深入钻研过一门技艺，那么对你来说一切都是一个谜。物品从其他地方运来时就是成品。如果它出了故障，我们只能请别人修好它，或者不得不去买一个新的。但如果我们投入几个月的时间深入研究一项技术，我们对世界的掌控感就会增加。只需练习 6 个月，你就可以掌握弹吉他的技能。花一天时间学习，你就可以掌握一道菜的烹饪方法。当你决定观看一个关于自行车修理的视频教程，你和自行车之间的关系从此就和之前不一样了。

既然深入探索这么好，为什么我们不一直这样做呢？原因是它很难。通常情况下，达到一定深度的过程并不是线性的，而是指数型的。在达到拐点、最终收获成果之前，将会经历很长一段苦干但没有结果的日子。例如，电台节目制作人艾拉·格拉斯（Ira Glass）警告说，新艺术家必须克服"品位差距"才能真正开始自己的艺术生涯。人们会从事创造性工作，部分原因是他们有良好的品位。但一开始，他们的作品很糟糕。知道自己的作品不够好，是很让人难受的。但是，除非大量练习，直到作品变得足够好的时候，这种"品位差距"才会消失。格拉斯解释说，坚持到底需要毅力。

另一位电台主持人贾德·阿布姆拉德（Jad Abumrad）在谈到一件创意作品时，也表达了类似的观点。他称之为"德国森林"模式。当你开始讲述一个复杂的故事时，你的叙述会向外扩展。在了解了大量的新想法和新创意后，你自己的想法和创意会更加丰富，出现的人物也会越来越多。在这个过程中，你会逐渐感到惊慌，因为你被困在一堆不成熟的创意中，并且泥足深陷，无法脱身。在这种情况下，阿布姆拉德说道，你可能会觉得自己就像一个满怀兴奋地走进一片茂密森林的人，却在夜幕降临时迷失了方向。此时唯一的出路就是穿过森林，而在黑暗中花时间寻找出路也是这个过程的一部分。阿布姆拉德向我们保证，只要有耐心，你肯定能找到自己的出路。当你进出森林的次数多了之后，森林在你眼里就会成为一个工具——一个"你如果想知道另一个版本的自己，不得不去的地方"。

华盛顿的餐馆老板安迪·夏拉尔用了同样的比喻描述创办"侍者与诗人餐厅"的感觉。他解释说："当你走出丛林时，你会有一种成就感。这种成就感让人充满活力，让你觉得这段旅程是值得的。"过程越艰难，冒险就越有成就感——"你的肾上腺素分泌得越多，到最后你就越兴奋"。这再一次表达了：深入能带来兴奋。

一个项目从开始到成功，等待的过程是痛苦的。通常情况下，这是一个做出一系列承诺，然后拼命努力践行承诺的过程。

以初创企业为例：你向投资者承诺，他们的风险是值得的；你向合作伙伴承诺，与你合作是值得的；你向员工承诺，他们的工作将在一年内看到成果；你向朋友寻求帮助，并承诺总有一天会给予他们回报。每一家初创公司都始于一个奇妙的故事或电梯简报中一个未实现的愿景。只有长期的深入探索，才能把幻想变成现实。

但当收获季节来临时，你会发现等待是值得的。想想金融学中"创收资产"的概念，你拥有的资产就像债券一样，能随着时间给你带来收入。通过深入，我们也能建立"能产生幸福的资产"，它们也会在很长一段时间内给我们以回报。你用一个夏天学会了制作巧克力脆饼的技能，邻居们在几十年后仍然会来敲门请你制作。你花了几个月的时间发展了一段友谊，现在你有了一个终生朋友。你帮助你的小镇开了个农贸市场，10年后的每个周六，你仍然会去逛一逛。

专业知识是另一个例子。现在，我们很难辨别信息的真伪。当我们对超出自身经验的事情进行争论时，通常是基于信任链：我信任这个人或那个实体，所以我相信他说的话。当我们第一次思考和谈论某件事时，我们通常会担心别人发现我们依据的只是直觉或对他人的信任。但当我们积累了足够的专业知识，这种恐惧就会消失。我们知道我们在说什么，我们可以自信地到地球上的某个地方去。今天许多人渴望知道一些秘密，比如一份保密文件或揭露阴谋的证据。但实际上，我们身边到处都是秘密，它们是真正了解一项事业、一门技艺、一个机构或一个领域的知识。解密它们的唯一方式是深入一点，需要的只是你持续的聚焦。

深入掌握一门学问是有回报的。听专业人士的即兴演讲，会让人有惊艳的感觉。我曾经担任过哲学家康乃尔·韦斯特（Cornel West）的助教，他有一个让我惊叹不已的特点。他在接受采访时即兴说出的每句话都是那样热情洋溢又充满哲理，听起来像是花了好几天时间精心准备过。从某种意义上说，他确实做了充分的准备。韦斯特的技能并不是凭空而来的，而是深耕其专业几十年，大量阅读的结果——他建立了一个思想、引文和语言的仓库，并在各种现象之间建立了联系。

《纽约时报》记者萨拉·克利夫（Sarah Kliff）说，进入新闻行业，她从来没有害怕自己会后悔或错过其他机会，因为从一开始她就对这个行业充满了热爱。困难的部分是到底选择哪个方向。她最终投身于健康领域，并用10年时间成为美国最优秀的健康政策记者之一。在这个过程中，她感觉自己获得了一个非正式的健康政策博士学位。作为该领域的专家，克利夫现在对自己的报道充满信心。她可以提出尖锐的问题，并能够在写作中毫不迟疑地做出判断，因为她知道医疗保健部门实际的运作方式。这种专长也让她的动作比别人更快：在奥巴马医改辩论中，她能够对某一法案在短时间内的效果做出深入详细的分析。她能够发现新的故事线索，指出什么重要，什么不重要。例如，她可以为一则新闻报道阅读数千份医院账单，并弄清它们的意义——哪些有巨大新闻价值,哪些没有。她建议年轻人,要安心深耕一个领域。

从小到大,我的朋友亚历克斯·普雷维特(Alex Prewitt)都会把《体育画报》的每一期从头到尾读一遍。在高中时,他的妈妈鼓励他把兴趣变成一门技艺。他向我们当地报纸《福尔斯彻奇新闻报》自荐,问自己是否可以报道当地的体育活动。编辑让他写了几篇餐厅评论练了练手。在掌握了基本新闻写作技巧后,他被允许开始报道我们高中的比赛。15年后,他仍然记得自己收到的编辑的第一条建议:"辞藻不要太华丽。"

对亚历克斯来说,接下来的10年都在磨炼技艺。他参加写作课程,阅读他能读到的所有体育新闻,为《新闻报》写了一篇又一篇的报道,后来又为他的大学报纸《塔夫茨日报》写了很多报道。他几经恳求,获得了《今日美国》的夜班实习机会,为照片写文字说明。在《波士顿环球报》工作期间,他在青少年棒球联赛的更衣室里追踪球队报价。最开始,他只能做青少年足球赛的报道,后来能为室内自行车比赛做报道,最终得到了为美国职棒大联盟写报道的机会。在这个过程中,他掌握了体育报道的节奏:写晨间博客,写比赛故事,写后续博客,然后继续第二天的报道。他说:"这就像拉小提琴或大提琴,你得形成肌肉记忆。"

当《华盛顿邮报》的老板给他打电话告诉他"你现在可以报道冰球比赛了"的时候,亚历克斯获得了突破自己的机会。亚历克斯对冰球一无所知,但这并不重要,因为他的老板对他说:

"你会想到办法的。"整个夏天,他都在仔细观看过去的比赛录像,阅读国家冰球联盟(National Hockey League)长达 500 页的劳资协议,为华盛顿首都队(Washington Capitals)每位球员创建个人信息文件夹,给每位球员的经纪人打电话,了解首都队所有管理人员和训练员的名字。他还记得他在什么时候终于感觉自己将冰球的基本概念内化了——他第一次认出了中区拦截,第一次比裁判更早喊出"死球"。当夏天结束,新赛季开始时,他觉得自己终于知道该说些什么了。

亚历克斯在记者生涯中感觉最好的是他看的第 114 场冰球比赛。"我每天都和同样的人在一起,"他回忆道,"整个赛季我没有错过一天训练,也没有错过一次媒体采访。天气太冷了,令我刻骨铭心。"亚历克斯记得自己坐在记者席里,在没有多少参考资料的情况下,不到 30 分钟就能写出一篇文章发送出去。同时,他在心里想:对,就是它了。他解释说:"看到一些东西,然后简洁地把它们表达出来,这是一件令人振奋的事。"这就是深入的力量,无论学习一门技艺还是积累专业知识,一旦你拥有了它,它就会自己表现出来。

亚历克斯的故事甚至有一个体育电影般的结局。在那场比赛结束几年之后,华盛顿首都队向斯坦利杯(Stanley Cup)发起了冲击。亚历克斯当时在《体育画报》工作,负责撰写长篇报道。由于他对冰球的了解,他被派去报道首都队的比赛。那一年,他们一路走来,在总决赛中连续五场击败了拉斯维加斯队。

那个喜欢《体育画报》的男孩为《体育画报》撰写了封面故事，讲述了我们城市几十年来最重要的体育新闻。当期杂志在我们镇上卖脱销了。深入是一种超能力。

原子般的承诺

这个世界需要我们深入探索，但我们不可能对每件事都深入。农民只能选择有限的作物，商人只能选有限的商品，宇航员不可能同时也是动物学家。薇拉·凯瑟（Willa Cather）写道，艺术家在开始创作新作品之前，首先要做的第一件事就是"设置障碍和限制"。每个人都需要一个框架。

缩小注意力的范围是很痛苦的。这种痛苦会让你很难做出承诺，因为当有这么多事情要做时，只为一小部分目标而努力让人感觉很荒谬。这一挑战在因果世界中是让人极其痛苦的。当你投身俄勒冈州的种族平等、改善休斯敦的空气质量或五角大楼的预算监督等问题时，你知道这将会是一场旷日持久的斗争。但在你长期奋斗的过程中，你可能会了解到世界另一个地方出现了人权危机、一场新的竞选资金改革尝试，或是一次为了推动对失控的人工智能技术进行监管而做的努力。但你不得不把注意力保持在俄勒冈州的种族平等问题、休斯敦的空气质量问题或对五角大楼的预算监督上，而此时其他所有人的注意力都在别处。

但我们应该记住，深刻的承诺具有类似原子的特性。微小的承诺如果被推进到很深的程度，就会向外爆发。事实上，一个承诺越专注、越深刻，持续的时间越长，它在本领域之外的影响力就越大。

马丁·路德·金在世界范围内启迪了支持各种事业的运动，但这并不是因为他创建了一个全球性的、多目标的组织。事实上，在他职业生涯的最初几年里，他只专注于一个地区的一项事业（种族公平）。如果他始终在思考那些他没能做到的事，以至于没法投入任何一项事业中去，我们很难取得今天的成就。

慢食运动始于意大利，主角是意大利面和麦当劳。今天，这一运动仍然以多种形式存在着。在简·亚当斯（Jane Addams）在芝加哥建立了一个定居屋、多萝西·戴在纽约建立了一个天主教工人中心后，人们开始在其他城市复制这种模式。拉尔夫·纳德的职业生涯始于调查汽车安全问题，但想复制他为了公共利益揭发丑闻行动的人遍及了所有行业。

我采访过的许多长期英雄都是通过深入一个特定的领域而产生了广泛影响。亚特兰大"环线"项目的创始人瑞安·格拉韦尔接到过来自全国各地的电话，询问如何将同样的项目引入他们的城市。施瓦茨曼的一些学生自己也成了拉比。金伯利·沃瑟曼发起关闭燃煤电厂运动时，她的一些小邻居刚刚上二年级，他们长大后也开始为环境问题而斗争。

阿特·卡伦（Art Cullen）最近因在《暴风湖时报》上发表的社论而获得了普利策奖。《暴风湖时报》是一份艾奥瓦州的地方报纸，发行量仅为 3000 份。因为卡伦一直专注于了解和报道艾奥瓦州的农村社区，他的社论赢得了全国的赞誉。在那些大报纸上，没有人能像他那样对移民、肉类包装、生猪和玉米之间的相互关系理解得如此深刻，所以他成了全国性谈话中不可或缺的人物。如果他不是每天都遵循着报纸的座右铭"如果它没有发生在布埃纳维斯塔县，它就没有发生"，他不会发展出自己最了不起的成就——"对一件事 360°的理解"。

当你询问人们心目中的英雄时，他们说的通常会是与自身领域完全不同的人。奥巴马总统在总统办公室外的私人书房里摆放着穆罕默德·阿里（Muhammad Ali）的手套。篮球运动员卡里姆·阿卜杜尔-贾巴尔（Kareem Abdul-Jabbar）心目中的英雄是爵士音乐家塞隆尼斯·蒙克（Thelonious Monk）和小说家大仲马。电视主持人茱莉亚·布拉德伯里（Julia Bradbury）称飞行员阿米莉亚·埃尔哈特（Amelia Earhart）是她的偶像。一个持续而深入地追寻自己目标的人产生的激励力量是无限的。

许多人认为扩大影响就像给气球充气——我们把一个项目变得越来越大是通过把它的实质变得越来越稀薄实现的。但规模往往是通过让我们正在做的事情更深入、更强大、更充实实现的。这就像建造一个强大的无线电发射机——它扎根于一个地方，但如果它足够强大，它发出的信息将会在远方产生共鸣。

应对威胁

就像中世纪传说中林间小路上的怪物一样，深入目标时遭受的威胁是多种多样的。有无聊感：在长途跋涉的过程中，我们可能总是在重复做同一件事。有干扰：旅程中可能会出现很多吸引注意力的东西。有不确定性：你会怀疑自己当初的决定是否正确，现在所走的道路是否正确。还有诱惑：我们可能会感觉另一个目标更值得去追寻。对此，你可能会想到别人在社交媒体上发布的玩得很开心的照片，想到别人推出的花哨的新项目，而你却困在自己的项目中；或者你会想到当你的恋情陷入低谷时，来自同事的调情。任务重心转移也是一种危险：在履行承诺的过程中，你的目标悄然地发生了变化，你自己甚至都没有留意到。比如，你创建一家初创公司是为了将一项事业发扬光大，但因为一些副业赚钱更多，你最终把太多的资金投入副业。5年后当你突然清醒过来，才突然发现自己从事着一项自己讨厌的行当。你致力于一项事业，却在不知不觉间开始为另一项事业而奋斗，最终你忘记了自己当初是怎样开始的。

即使你打败了这一路上遇到的所有怪物，也会感到痛苦和疲惫。夏拉尔说，人们经常对他说他们也想进军餐饮业，因为这看起来很有趣。但他们并没有意识到开一家餐馆，需要"在午夜冲洗厕所，修补破碎的窗户，在停电时要冲到店里去工作"。

在履行承诺的旅程中，一定会遇到很多怪物，但我们也不是赤手空拳地上路，也可以携带很多武器。也许其中最有力的武器是你的故事：你告诉自己（告诉别人效果更佳）为什么决定致力于这项事业。每当你的承诺受到考验时，你可以去重温这个故事。这就是为什么在婚礼上要宣誓，入职时要宣誓，加入一个组织也要宣誓；有些人会文身，这些身体上的图腾也能起到提醒的作用。

另一种有力武器，是把我们的长途跋涉分成循序渐进的步骤。社区组织者经常谈论对于小胜的需求。你的第一个挑战可能是召集一次会议；下一个挑战就可以是在委员会里获得一个代表席位；再然后可以是就一个议题组织一次辩论。当下一个挑战变成修改法律时，你就会感觉到最初的目标原来是可以实现的。

达拉斯有个叫蒙特·安德森（Monte Anderson）的房地产开发商，他对长期项目有一种有趣的见解。他告诉他的团队："我们要去的是月球，但我们现在在海底。"

他说，如果他一开始就担心所有问题——"离开海洋，登上海滩，坐上火箭飞船"，他会"感到沮丧，然后放弃"。相反，他把团队的注意力集中在眼前的任务上。"首先，穿上潜水装备，开始游泳吧。等我们看到海滩时，我们再担心登陆的问题。等我们到了陆地上，再操心火箭飞船的问题。同时考虑所有事是没有用的。"

坚定的人经常通过减少复杂性来应对分心、诱惑甚至疲惫。我认识的许多长期英雄都过着非常简单的生活，因为他们想为自己的承诺腾出空间。这也是许多宗教人物发誓要保持贫穷的部分原因。五世纪的僧侣约翰·卡西安（John Cassian）写道："并不是只要斋戒、守夜、默想经文、自我否定和放弃所有财产就能让你达到完美状态，但它们有助于让你达到完美状态。"例如，父母经常会努力保持生活中与养育孩子无关的部分的条理性，因为如果不如此，他们的生活就无法继续。

长期英雄所奉行的简单不仅仅是物质上的，也是情感上的。婚姻平等运动的推动者埃文·沃尔夫森讲述了他在长达几十年的社会运动中一直在努力弱化自己经历的高潮和低谷。他告诉我们，"并不是说我从未感受过痛苦、失望、恐惧或挫折"，但面对斗争中的失败和挫折，会尽量不像别人那样引起情绪波动。在胜利时，他也尽量不让自己表现得过于兴奋。他会简单地说："好，让我们看看下一步该做什么？我们现在做到什么程度了？我们该如何继续前进？"通过保持情绪稳定，他避免了精疲力竭。

蒙特·安德森在他的作品中也表达了类似的态度。"我心情不好的时候也会心存感激，能有鞋子和衣服穿，就值得心存感激，"他说，"每天只要还能醒来，我必须保持谦卑。"这种态度使他心平气和。情绪稳定的人也有快乐、悲伤、恐惧和平静的时刻，但他们不会过于失望或惊讶，从而避免了感到疲惫。

他们所奉行的简单性中最重要的就是相信自己内心的声音，而不是被别人的意见左右。在《旅程》（"The Journey"）一诗中，诗人玛丽·奥利弗（Mary Oliver）描述了这样一种经历：

终于让那些"大声出着坏主意"、拽着你脚踝的声音安静下来。一旦我们把混乱的声音抛在脑后，星光就能够"穿过云层"；"一个新的声音"出现了——一个你"听出是你自己的声音"的声音。它是一个可以在漫长旅途中陪伴你的声音。

不过，如果你的任务太简单，你可能会感到无聊。你的故事可能不足以克服承诺带来的乏味感。一些长期英雄建议，注意沿途的变化会有所帮助。施瓦茨曼拉比讲了一个古老的故事，内容是一个拉比和一个唱诗班在圣洁日前出去玩。这位拉比正在研究一本流传了几千年的祈祷书。此时，唱诗班的人走过来说："你在这里做了 25 年的拉比，为什么还在研读同一本祈祷书呢？"拉比回答说："祈祷书还是那一本，但我已经不是原来的我了。"

即使你有这些武器的帮助，你可能仍然需要终极动力。对于许多长期英雄来说，他们在自己工作呈现的美丽中找到了幸福感。园艺师安迪·佩蒂斯告诉我，她最不喜欢的工作是种植鳞茎植物。她说："种它们会让我的手腕疼，长老茧，并且那时候是秋天，都已经开始上冻了。"但她知道，她所做的一切在 4 个月后将会呈现出绮丽的景象。"2000 个球茎在一片土地上同时盛放是我们能见到的最美丽的东西之一。"满心想着 4 个月后花开的场景，激励她完成了艰苦的种植工作。

但她不仅能发现未来之美。佩蒂斯说，她把除草等乏味的工作当作一种冥想。植物的荣枯让她学会了谦卑，同时她也在"将问题或乏味感转化为挑战"的过程中找到了某种乐趣。孩子们比成人更能理解这个想法。G. K. 切斯特顿（G. K. Chesterton）写道，孩子们"喜欢重复和不变的东西。他们总是想要'再做一次'；很多大人也会坚持做一件事，直到生命的尽头"。在他们的理解中，"每一朵雏菊都一样，并不是源自自然的必然性，也许它每一朵都是上帝分别创造的，但他从来没有厌倦过创造它们"。许多长期英雄会尽力对世界保持孩童般的敬畏，也就没有什么奇怪的了。

让平凡变得卓越

我们最快乐的时刻往往是那些最平凡的时刻：和伴侣共进晚餐时，和孩子安静相处时，和远道而来的老友喝一杯时，花一个下午磨炼技艺时。这些平凡的时刻是快乐的，因为它们被深入神圣化了。

每一次刺激都让下一次感受刺激变得越来越难。但是，通过持续的承诺，会让平凡的生活随着时间的推移变得更加精彩。

你常去的那家餐厅，一首至上合唱团（Supremes）的老歌，你们的万圣节传统，那个你想起来就会笑的笑话——回忆就像是一层层釉彩，每一次重复都会让它们更富有光彩。这就是为什么在 7 月的一场普通比赛中，在芬威公园球场的第八局听到《甜蜜的卡罗琳》（"Sweet Caroline"）也会让人觉得意义非凡。因为 2004 年红袜队争夺冠军时，球场里响起的就是这首《甜蜜的卡罗琳》；10年前你和哥哥一起去看球赛时，每次跟着哼唱的也是这首《甜蜜的卡罗琳》。

在整理房间时，你很难做到断舍离也是出于同样的原因。通过反复接触，很多物品具有了纪念意义，甚至笼罩上了一层特别的光环。无论是你在某个特殊日子穿过的衬衫，还是第一次搬到这个城市时购买的沙发，你都很难下定决心扔掉它们，因为深入赋予了它们特别的价值。在玛里琳·罗宾逊（Marilynne Robinson）的《基列家书》（*Gilead*）中，艾姆斯牧师想到，"老"不仅意味着年岁，也意味着熟悉。他写道："时间让一件东西变得特别，染上了一些因习惯其存在而产生的柔情。我在说'老物件'或说'这座破旧的老城'时，我的意思是它们离我的心很近。"这就是深入的作用，它让你愿意将一些东西称为"老朋友""老剧院""老球拍"。

深入不仅仅能赋予事物特别的意义，还能让我们发现更多的意义。深入研究一个话题可以让我们看到它所有的细微之处。和铁杆球迷一起去看棒球比赛，他们会告诉你最后一球可不是普通的一投，而是变速球。他还会顺便告诉你，这个投手三年前在分区系列赛中用同样的变速球三振了同一个击球手。他们的解说让球赛变得更有意思，而你曾以为那只是一次普通的投球而已。

亚历山德拉·霍洛维茨（Alexandra Horowitz）在她的书中写到了这种现象。这部名叫《观察：观察艺术的漫步者指南》（*On Looking: A Walker's Guide to the Art of Obser-*

vation）的书是一部杰作。在书中，她描述了自己在不同领域专家陪同下游览附近同一个街区的经历，不同的专家向她介绍了很多她以前从未留意的事物。每时每刻，我们周围发生的绝大多数事情都被我们错过了。比如，当我们把注意力集中在某一件事上时，会忽略路灯发出的嗡鸣、汽车驶过的噪声、树上的鸟叫等。但作为专家，因为对于自身领域的深入研究，他们会比其他人发现更多。一位地质学家向霍洛维茨介绍铺路石仿的是罗马道路的样式；一位字体设计师介绍了井盖上使用的字体；一位博物学家在树篱旁发现了蜘蛛网和蜘蛛卵；一位医生留意到一位需要置换髋关节的行人。霍洛维茨的著作向我们展示了深入可以让世界变得更生动。

纪录片导演肯·伯恩斯（Ken Burns）有一句口头禅，充分表达了这种精神："所有的意义都是在持续中积累的。"这一思想渗透到他作品的方方面面。他的历史纪录片系列通常长达10个小时以上——挑战我们通常用来理解某个特定事件的时间，从而在其中找到更多意义。他的史诗作品本身就是史诗——他最近的系列花了10年时间才完成，就连他标志性的"肯·伯恩斯效应"（相机在一张照片上平移）也是通过挑战我们的视线在一张图片上停留更长的时间，让我们发现更多意义。

当肯还是汉普郡学院的一名学生时，他就养成了对深入的热爱。从摄影老师杰罗姆·林宾（Jerome Liebling）身上，他学到了一个道理，"持续的注意力"是一切的关键。林宾教他要全身心投入胶片处理的过程:在暗房冲洗照片,把照片挂在图钉上,筛选最近拍摄的照片。林宾教他要坚持观察:花时间观察建筑物顶部的光线,一个女人手臂的移动轨迹,人行道上的两个人之间的互动关系。肯解释说,当你和别人坐在一起很长一段时间后,细微的差别就会浮出水面。"在我的编辑室里有一块霓虹灯牌匾,上面用草书写着'这很复杂'。当我们策划自己的精彩场景时,很多电影制作人根本不会考虑这些选题。但40年来,在我们学习和了解复杂而矛盾的信息的过程中,我们却多次触及类似的精彩场景。"

这种精神使肯能够安心地专注于一个主题(美国历史)和一种格式(纪录片)而从不会感到不安。兔八哥(Bugs Bunny)和哔哔鸟(Road Runner)的创作者查克·琼斯(Chuck Jones)启发了他,让他专注于自己的领域。肯说:"他每一部动画片的帧数和分钟数都是一样的。这是世界上最能给人自由的事情。这就像对一个画家说,这是你的画框,现在用它做点什么吧。"

肯说:"当你年轻时,你不相信这个世界上最真实的真理——我们没有人能活着离开这里。"一旦我们接受了这一点,我们"必须做出承诺"。肯回忆起了40年前他在纽约的生活。那是1979年,26岁的肯住在一间五楼的公寓里,有人给正在为房租发愁的他提供了一份工作,用他的话说,这份工作对一个年轻的电影人来说是"闻所未闻的高薪"。但他当时正在拍一部关于布鲁克林大桥的电影，这是一个需要一鼓作气完成的项目，如果他接受了这份工作，电影就肯定拍不下去了。

所以他拒绝了这份工作。"我不想把我正在做的项目的胶片盒放在冰箱顶上，然后突然间一个响指，发现自己已经 50 岁，但还没有做过自己想做的事情——弄清楚如何拍一部关于布鲁克林大桥的电影。"他回忆道。于是，他搬到了新罕布什尔州一所房租便宜得多的房子里，拍完了电影。但之后他一直住在那里，现在仍然睡在同一间卧室里。《布鲁克林大桥》（*Brooklyn Bridge*）后来获得了奥斯卡提名。

即使是最无聊的事情，只要有一点深度，也会变得生动起来。巴尔的摩的旧屋拆除公司老板马克斯·波洛克谈起砖块可以聊几个小时。当他看到一块砖，注意到上面砖匠名字的印章时，他就会想到制造这块砖的组织——一个地方一个行业的一家企业，以及每天去这家企业上班的人。他若有所思地解释说，这些人留在世界上的印记只剩下他找到的这块砖了。对马克斯来说，不同建筑中的不同砖块是"了解过去一百年工业历史"的入口。他甚至可以从砖堆中读出企业合并的历史——例如，较新的建筑，砖的种类较少。

在公司里，马克斯最喜欢和他的一个员工待在一起。这个员工 18 岁开始工作时，甚至连工具都不会用。对这个世界来说，他是一个新人，对他来说，这里也是个全新的世界。在砖块与木材公司工作几个月后，他变得不一样了。有一天，马克斯看到这个小徒弟在房间里锯木头，当木屑飘落时他的脸亮了起来，并惊叹道："哇，这是一棵漂亮的道格拉斯冷杉！"他已经学会了通过气味辨别树种。

时　间

马丁·路德·金在职业生涯布道时就提到过人生有三个维度的需求：长度、宽度和高度。长度是指我们与自己的关系；宽度是指我们与社区的关系；高度是指我们与卓越的联系。他说，如果这三个维度发生了紊乱，我们也会变得紊乱。

这条建议与承诺相伴相生的三种恐惧和三个礼物是契合的。当你战胜了对后悔的恐惧，选择了一个行当，就拥有了一个目标，找到了与自己的联系。当你战胜了进入一个社团、融入一个集体的恐惧，你就拥有了朋友，与更大的群体产生了联系。当你战胜了对错过的恐惧，你就有可能通过深入的喜悦，发现与卓越的联系。

时间是我们最大的资源。它因有限而珍贵。关于承诺的问题，其核心是：我们应该如何利用宝贵的时间？在无限浏览模式下，出于对错用时间的恐惧，我们的时间分割成了小块。承诺则是用更长的时间进行一场豪赌。这是获得深度的保证：虽然我们不能控制时间的长度，但我们可以控制它的深度。我们在某样东西上投入的时间越多，它就变得越美丽；我们越深入，就会发现它越神圣。这就是当你通过深入其中让平凡变得卓越时发生的事。通过奉献自己,你让一项事业变得神圣。

事实证明,这种长时间的投入以及随之而来的目标、友谊和深度是一种解药,能治疗我们最深的恐惧。在奉献中,我们能找到永恒的快乐。这种快乐不是让人时时刻刻都感觉到很幸福,而是让人始终感觉舒适自在。就像波拉德修女在蒙哥马利巴士抵制运动中所说的:"我的脚很累,但我感到了灵魂的安宁。"

我妈妈会为别人编织围巾。一条围巾,开始于最简单的东西:一团纱线。她在谈到编织围巾的技巧时说:"一旦你掌握了窍门,非常好学。"所以,让一条围巾变得特别绵密的,不是纱线,也不是天赋,而是时间。现在是时候了。你挑选一件最简单的事,投入足够的时间,就会产生一些可爱的东西。当我妈妈把自己编织的围巾送给别人时,她实际上给出的是时间的礼物。这是最为神圣的礼物。

第三部分
在流动的世界做个坚定的人

第十章　开放选择经济学：金钱与特定事物

英语里 culture（文化）这个词由 cultivate（培养）一词演变而来，即准备某物以供使用，例如土地。主流文化为了特定的目的培养我们，反主流文化则为了不同的（通常是相反的）目的培养我们。今天年轻人生活的世界，主流文化总是在催促我们向前走，支持并鼓励我们保持开放选择。这种文化使得奉献自我的过程，即寻找目标并自愿做出承诺的过程，变成了一场艰难的战斗。在最好的情况下，它只是不支持我们做出承诺；在最坏的情况下，它让我们感觉尝试一下都很奇怪。

即使你已经克服了对后悔、对关系和对错过的恐惧，即使你已经准备好投身于某一事业或社群、专注于某一门技艺或某一个人，在当今社会，成为一个长期英雄、做一个坚定的人并不容易。从我们的经济、我们的道德到我们的教育体系，开放选择文化以不同的形式弥漫在各个领域，包围着我们。

金钱的胜利

直到最近，大多数文化仍对什么东西可以换成钱有严格的限制。这使得货币和货币支配的市场保持在适当的位置。世界各地的文明中，都在生活中的宗教、自然、政府、性、健康、儿童、教育、新闻、科学以及死亡等领域与市场、商业和金钱自由交换之间设置了障碍。哲学家迈克尔·桑德尔（Michael Sandel）的表达方式更简洁：大多数文明都会审慎地强制执行关于"金钱买不到的东西"的规则。

桑德尔写道，之所以设置这些障碍是因为如果允许"道德和公众产品"买卖，它们就会遭到侵蚀。如果选票可以买卖，那么民主选举就会丧失公正性；如果你可以买卖公共雕像，荣誉的价值就降低了；如果你可以买卖研究成果，那么对真理的追求就会变成一种堕落。

哲学家迈克尔·沃尔泽（Michael Walzer）写道，当你可以将一个领域的权力（如货币、名誉、美貌或政治关系）转化为另一个领域的权力时，不公正就会出现。沃尔泽认为，正义具有"局部性和特殊性"。为解决教会如何公正地选出牧师、选举如何公正地计算选票、村庄如何公正地授予荣誉、体育联赛如何公正地赢得比赛，以及在研究过程中如何公正地发现真相等问题，我们会建立一些局部系统。当金钱侵入这些系统时，它有可能摧毁其中的特殊承诺。

如今，许多将货币和市场隔离在外的障碍正在逐渐消失。20世纪后期，经济学家们开始将市场引入所有领域。以"犯罪市场""生育市场""约会市场"和"投票市场"为题，他们发表了众多论文。公共知识分子开始将市场描述为一种政府形式，正如《纽约时报》专栏作家托马斯·弗里德曼（Thomas Friedman）所写的那样："人们每小时、每一天都通过他们的支出投出选票。"市场不再是社会中一个特定机制，而成了社会本身。

对于不能控制货币和市场的结果，人们十分担忧。这些担忧有些已经变成现实。我们现在可以出售我们的血浆——一些金融知识普及项目甚至鼓励负债的人这样去做。我们可以为我们的事业雇佣一支游说大军——通过资金筹集活动门票买到政治候选人更多时间。我们可以在报纸上购买支持己方的内容——如果我们有足够的钱，甚至可以买下整份报纸。我们可以购买自然资源，雇佣士兵，竞拍冠名权。今天，几乎没有钱买不到的东西。

最重要的是，不顾沃尔泽的警告，我们让金钱和地位两个领域合二为一了。金钱已经从仅仅是获取某些商品和服务的一种方式转变为身份的象征。杂志推出对富人的专访，歌曲对富人大加赞颂，电视节目不仅关注富人的一举一动，还会询问他们对政治和文化的看法。一个人想要获得社会地位，不必在某个特定领域拥有声望，仅需多赚钱就可以了。

从前建立的障碍，是为了确保金钱只是为人类具体目标服务的工具。但当金钱脱离了束缚，并接管了整个文化，逻辑就颠倒过来了：金钱成了目标，而具体的人类产品，比如心爱之物、建筑、工作、才能、技艺，以及最重要的——人，都成为服务于这一目标的手段。

金钱以两种方式对"心爱之物"发起了挑战。首先，货币具有流动性。当获得金钱成为最高目标时，我们就面临着这样的风险——用"流动性"（财务）价值衡量生活中所有"实"物。它们不再主要被视为值得长期投入感情的东西，而是被视为可以交换金钱的东西。从个人层面，也可以看到这个"商品化"的过程。当你对棒球卡的热情消失后，你会开始思考你的收藏品的货币价值。这时你和棒球卡之间的关系就发生了变化。就仿佛是一盏灯灭了，失去了生命力。在传家宝身上也可以看到这一过程。当你开始思考你祖母的古董桌子能卖多少钱的时候，它就不再是一件心爱之物了。

在商业层面，你可以看到随着"金融化"（金融投资者在商业决策中日益增强的话语权）的发展，货币流动性的影响力在不断增强。企业应该有平衡多种承诺的能力，包括对投资者、客户、员工、产品，以及受到企业影响的社区的承诺。但在20世纪下半叶，"股东至上"的理念渐渐成为主流，即认为一家公司唯一的承诺对象应该是其财务投资者。这个想法一开始只是一个模糊的学术概念，但最终成为董事会和商学院的主流理念。善于在一个实体的各种承诺之间进行沟通的高级经理人，不再是美国经济的驾驶员,现在把握经济方向的是金融家。这种"金融化"的结果是企业开始以牺牲其他一切为代价,专注于提高股价。如今,企业不再像过去那样关注长期研发、培训员工并与之建立关系,对总部所在社区的投资关注度也在减弱。如果让公司陷入困境、被他人收购或拆分剥离对投资者来说是最有利可图的,公司的管理者一定会这样做。

你可以在整个社区和公共机构逐渐商品化的过程中看到这种现象。在我的家乡,房价比我年轻时大幅上涨,住房价值因此成了最热门的话题。现在,政策讨论往往围绕着它是否会导致房价发生变化展开。我甚至曾经听到一位家长反对一项对学生具有积极影响的意见,理由是这会降低考试成绩,进而影响房价。

德国社会学家格奥尔格·齐美尔(Georg Simmel)描述了当金钱逻辑成为城市"所有价值的标准"时会发生什么。齐美尔写道:"每件事和每个人的特殊性,即他们的个性、他们的特殊价值和他们的不可比较性,都以同样的重力加速度漂浮于金钱的洪流中。"人们开始模仿金钱的"无情和冷漠",以一种"实事求是的态度"对待一切。唯一能够决定事物性质的问题是"值多少钱"。这就是个人货币化、企业金融化和社区商品化等所有现象的共同之处:为了保持开放选择,它们把所有的特殊性都打碎并铸成货币,因为货币是所有事物中最不具备特殊性的东西。

当货币不再用于清算具体物品,而是用来泛化它们,就是"商品化",即把特别的手工艺品变成更大路货的产品,以赚取更多的钱。这种扁平化的一种表现形式是用销售最低标准产品的连锁店取代各种手工业门店,比如有个性的杂货店变成了沃尔玛,手工咖啡店变成了星巴克,特色五金店变成了家得宝。另一种形式是在整个行业中推行通用方案。其中最臭名昭著的例子是麦克氏豪宅(McMansion)——一种"设计糟糕,工艺粗陋,面积超大"的房子[引用博客网站"麦克氏豪宅地狱"(*McMansion Hell*)作者凯特·瓦格纳的定义],由开发商按照规范建造,没有任何来自社区其他家庭或将要居住其中的家庭的意见和建议。

我有个朋友,她很喜欢自己的牙医。他知道她的名字,了解她的家庭,会跟她讲自己的经历,甚至给她邮寄亲笔书写的节日贺卡。有一年,因为经济危机,他把自己的诊所出售给了一家私人投资公司。之后,他被允许继续在诊所执业,但必须遵守新老板的规则。公司对他可以购买的物资和提供的服务进行了限制,并要求他使用一种新的软件跟踪他的客户。他不得不向客户发送调查报告,让他们给他的表现打五星。这些变化让我的朋友感到很不舒服。"我不会给一个我认识了20年的人打五星!"她说。牙医无法忍受被商品化,很快就离开了这家诊所。

商品化导致了同质化。在一次跨国公路旅行中,我们注意到了这种同质化——每个出口看起来都是一样的。当金钱成为唯一的目标时,产品、企业、办公室、建筑,甚至风景都开始变得相似。正如加拿大哲学家 G. A. 科恩(G. A. Cohen)提醒的那样，金钱逻辑倾向于否定"人们想要的具有特别价值的东西，不会因大路货而满足"这一真相。如果一切都是"在忽视特殊性和多样性价值的情况下从环境中增加或减少"，那么"所有地方的一切都将趋于相同"，因为每个地方的"需求都是相同的"。换句话说，如果你想"一切都是最好的"，那么就"没有什么会是好的"。我和朋友们都很喜欢干辣椒餐厅（Chipotle），但没人希望所有餐厅都变得和它一样。

当所有稳定的东西都变成流动性的东西，所有特殊的东西都变成大众化的东西，我们对周围世界的承诺就改变了。我们往往会爱上一个既特别（由特定的人带着爱意为特定的人制造）又持久（存在的时间足以让我们从一开始就爱上它）的企业。但是，当一切都平淡无奇（企业为了利润按流程制造）并且很容易变现时，我们就很难爱上我们居住的地方了。这还只是在商业层面。当那些更需要我们形成依恋的实体，比如学校、报纸、房屋，甚至是礼拜场所，被金钱的逻辑赋予流动性或被扁平化之后，会发生什么呢？

这种现象也改变了同事间的关系。当一个商业领袖拥有的是在短期内货币收益最大化的财务思维，而不是保持企业长期运转的管理思维，他往往会把员工视为可买卖的资产，而不是特定的人。所以，金融化的兴起伴随着外包、裁员和工会解散现象的增加，并不奇怪。当钱成为最重要的东西，人是可以被放弃的。

当金钱起支配作用时，那些没有被裁掉的幸运员工，通常会面对岗位通用化的情况。公司不会再在技术工人身上投资，而是致力于将工作岗位"去技术化"。工厂会要求一线工人遵循严格的标准操作程序，进行机械的操作即可，不要把自己的个性带到工作场所。

可能这一切听起来是不可避免的，但实际上并非如此。

纵观历史，为了让金钱回归其应有的位置，人们发起了各种各样的运动。这些运动的目的，都是让对特殊性的热爱和承诺渗透到经济的其他要素中。19 世纪的工艺美术运动推崇手工、技艺和美丽的材料。如今的农产品和手工艺品市场的兴起，就是这种精神的延续。自然保护运动致力于将荒野与市场逻辑隔离开来。竞选资金改革运动则是为了将政治与市场逻辑隔离开来，并将"让金钱远离政治"作为其战斗口号。工会一直在努力迫使老板们尊重特殊员工的需求。还有许多形式的本土经济，它们通常强调在生产、交换和消费过程中需要建立和尊重一些特殊关系，即与社区和自然界的关系。

有些障碍抵挡住了金钱的攻击，比如：我们还不能出售我们的孩子、器官或选票。但是，保持开放选择的文化始终在虎视眈眈，它一直在向我们游说：为什么不让金钱替代特殊性呢？

太大而无法承诺

市场还有一个在传统上与承诺有关的方面：生产。企业家通常会对自己创建的企业有一种责任感。他们感觉自己是社会经济的一部分，并为此感到自豪。你仍然可以在许多新的初创公司中看到一种负责任的文化：当公司犯了错误，创始人往往会自己亲笔写道歉信。当工人对他们所服务的企业有主人翁意识时（许多小企业、合作社和工会组织的工作场所会出现这种情况），他们也会有一种责任感。他们为自己制造的汽车、提供的护理和酿造的啤酒感到自豪。

但最近几十年的趋势是企业的所有权越来越集中。工会数量急剧下降，意味着工人们越来越感觉自己与所服务的企业没有关系。在企业家方面，企业集中、合并和垄断的浪潮让认为自己在社会经济中占有一席之地的创始人和企业主的数量越来越少。

当两万英亩[①]的土地被分割成 100 个农场时，100 个农场主都会觉得自己是土地的直接所有者。但是当一个农业综合体将这些土地整合成一个大型农场时，仅需雇佣一个经理管理。当一名程序员决定自己开发一个应用程序时，他会用自己的方式设计它。但如果他在谷歌工作，则会成为一个庞大的官僚机构中的一个部门的一分子。一个拥有 50 家零售店的小镇有 50 个在社区投资的业主，但是当每个人都开始在网上购物时，50 个社区股东就消失了，随之消失的还有商店外墙上对地方体育赛事的赞助广告和高中乐队的感谢信。

---

① 约为 8000 万平方米。——译者注

同样的现象也反映在公共生活中。民主也有"生产"的一面：我们称之为公民参与或公民自治。当人们参与公共生活时，他们会有一种对社区、城市甚至是国家的主人翁意识。当人们为了建造一个新的公园、改革学校系统或复兴市中心不时聚在一起时，你可以看到这种主人翁意识。你也可以从一场运动中的改革者们在他们的改革得以实施时的骄傲中，或从竞选志愿者们在他们帮助选出的政客就职时的骄傲中看到这一点。

但在过去的一个世纪里，美国的公民自治从形式上和感觉上都在急剧萎缩。在 20 世纪 60 年代和 70 年代，人们开始把公共生活称为"系统"。马丁·路德·金将其描述为"庞大的工业界和政府，都交织在一个复杂的计算机化的系统中"。城市规划师简·雅各布斯（Jane Jacobs）哀叹（并反对）大型城市"翻新"项目是反人性的。罗伯特·肯尼迪（Robert Kennedy）警告说，"随着城市的急速扩张"，那种"人们可以看到和认识彼此、孩子们可以一起玩耍、成年人可以一起工作并共享生活的乐趣和责任"的社区正在消失。评论家克里斯托弗·拉什写道，人文关怀体系的专业化和官僚化侵蚀了我们对自己照顾他人的能力的信心，想想庞大的医院系统、疗养院和警察部队就可以明白这一点。

随着政府和工业界变得愈加复杂，公众参与公共生活的情况也发生了变化。20 世纪早期的许多公共生活是建立在大众会员组织的基础上的，如宗教团体、工会、兄弟会组织（麋鹿会、共济会、扶轮社等)和政治团体(全国有色人种协进会、塞拉俱乐部等)。这些组织有当地的分会(教会或当地工会),他们主持面对面的会议,制定和实施年度计划,并努力成为所在城镇不可或缺的一部分。这些分会、分社等会"联合"起来形成州和国家大会和委员会。这种结构使地方的想法能够传递到国家层面的组织,进而有效地传播到全国各地的地方分会去。

但是,正如政治学家西达·斯考切波(Theda Skocpol)观察到的,美国公民的生活在20世纪中期开始发生转变。大众传播变得更加容易,公民领袖们开始迷恋直接邮寄筹款活动。随着联邦政治变得越来越复杂,华盛顿开始出现一批善于游说政客和动员支持者的活动人士。全国性组织开始雇佣"捐赠者管理"和"会员关系"专业人士,以便从普通人那里获得最多的资金、选票和请愿签名。最终,国家领导人开始明白,他们不必再为各个地方的集会费心。很快,"会员"身份不再意味着需要参加全国各地的地方分会举办的聚会,而是意味着给华盛顿的专业活动人士寄支票,以换取保险杠贴纸、年度报告和偶尔接到号召向某位当选官员寄送正式信函的电话。

这种从会员到管理者的转变改变了公共生活。像毕业生兄弟会和姐妹会这样的社会团体大多消失了;政治团体将他们的当地分会变成了邮件列表;工会被招安或解散了;宗教团体将更多的注意力放在个人信仰身上,对他们在更广泛的公共生活中的作用的关注度减少了;政党曾经是地方文化的活力之源,现在变成从远方发起全国性活动动员令的触不可及的组织。

这种"公民集中"的后果与企业集中的后果是一样的：人们感到对公共生活的所有权减少了。例如，在一个每个人都自愿加入、参与其中并向城市公共卫生系统提供意见的模式中，将有数以千计的人与该系统产生联系并形成利害关系。但是，当同样的医疗系统是由一个独立的专家团队管理时，他们只会与来自非营利组织和公司的专业游说者交谈。这样一来，只有十几个人对它的成功负责。如果你觉得社区是你和你的邻居共有的，那么你可能会感到与邻里建立了某种联系。但如果你觉得你的社区正在成为一个行政单位，是迟钝的能源、交通、住房和警察部门例行公事的场所，你将不会与它保持长久的关系。

马丁·路德·金将这一切描述为一种"把人排除在外"的系统："参与感消失了，普通个体能影响重要决策的感觉消失了，我们变得越来越孤立和渺小。"政治学家唐纳德·凯特尔（Donald Kettl）将其描述为把公共领域视为"自动售货机"的观点：你投入你的选票和税费，公共服务就出来了。没有参与、没有接触、没有关系，也没有必要的承诺。描述这个系统给予人的控制感，自动售货机也是一个恰当的比喻：你不能成为一个所有者，但你可以成为一个选择者。厚重的玻璃将你与系统的工作隔离开来，你无法真正参与它的设计。但作为一种安慰，你可以在给定的选项中做出选择。正如迈克尔·桑德尔所言，我们对自由的概念从"作为公民塑造统治全体公民的力量的能力"变成了"作为个体从匿名和难以接近的官僚机构提供给我们的选项中选择我们想要的东西的能力"。

随着公共生活发生转变，我们的承诺行为也发生了转变。当我们是公共生活积极的参与者和共同的所有者时，我们认为它是一系列的承诺关系，包括我们对系统、过程、项目、地点和邻居的承诺。当这些共同的事业在短期内陷入困境时，这些关系会让你保持长期的忠诚，甚至会改变你的个人兴趣和最初的理想。但是，当我们成为公共生活的被动参与者，只能做出选择时，我们根本无法建立起这些关系。没有忠诚的帮助，我们无法面对和解决这些问题。当一个系统不能满足我们的利益，也不能理解我们的理想时，我们会感到无助和愤怒。

这种情况并不是不可避免的。纵观历史，各个群体都曾对现代生活的大规模异化进行过反击，并发展出了众多替代方案。工会和工人合作社一直在努力建立一个由工人塑造工作场所的经济体系。分产主义者曾为建立一种财产普遍分配的经济制度而奋斗。在这种经济制度中，社区对企业和住房的所有权得到提升，垄断被打破，农作物由小农场主种植。辅助性原则的倡导者致力于摒弃标准的"组织结构图"，建立新型的实体。在这些新实体中，大的、远的、集中的机构和管理者为小的、地方的、个体的需求服务——全国总部为各分部服务，中央指挥部为各部门服务，最高层的领导者为基层人民服务，而不是为管理者服务。"参与式民主"的倡导者一直致力于让政府能够听取多数人的声音。用 20 世纪 60 年代参与式民主的宣言《休伦港宣言》(Port Huron Statement) 的话来说，他们相信我们能够"以越来越多的技巧应对"现代治理中的"复杂性和责任"。

在过去的一个世纪，这些替代方案进行了艰苦卓绝的斗争，但它们都没有获胜。在马丁·路德·金发出"庞大的实体的增长'把人排除在外'"的感叹几十年后，我们仍然感到那些号召我们消费而不生产、选择而不产生关系、浏览而不承诺的力量与我们格格不入。

责任与社群

在金钱能买到什么和不能买到什么之间、在大与小之间、在成员身份和管理员身份之间的斗争，比的并不仅仅是哪个类型的体系效率更高、效益更好、生产力更优或更加公平，还要比较这些体系最终培养出来的人的类型。关于我们自我组织的方式的斗争风险很高，因为斗争的结果决定了我们会成为什么样的人。

对我们的房子、社区、城镇、企业、职业、政府和国家等事物的拥有感，能让我们超越自我。在这个过程中，我们学会了负责。维持和改善属于我们的东西需要自我控制、计划和节俭。当我们不得不与同伴一起做出重大决定时，我们会对团队合作和领导力有更深的理解。因为知道了事物是如何形成的、如何组合在一起的以及各种过程是如何运作的，世界对我们来说意义更大了。最终我们会更自信和大胆，甚至有更大的能力去承担更重大的责任。

"为世界的现状负责是获得授权的第一步"，生态文化学者乔林·布莱斯（Joline Blais）写道，如果我们从未被要求去认领对我们周围世界的所有权，从没获得过在经济或公共生活领域的话语权，只被要求当好雇员、消费者和客户而不是所有者、生产者和公民，这一切都不可能发生。

不仅美德需要培养，社群也需要。当我们让机构远离市场逻辑，当我们拥有了更广泛的所有权，当权力更贴近人民，我们将有更多的机会向邻居、同事、赞助人和合作伙伴奉献自己。

在1983年的《礼物》（*The Gift*）一书中，作家刘易斯·海德（Lewis Hyde）探索了市场型关系和礼物型关系之间的差异。他写道：市场型关系是建立在短期的一次性交换的基础上的。这些交换可以在陌生人之间进行，因为他们不需要承诺。但礼物型关系的规则完全不同。它们涉及的是在一个长久存在的社群内的商品流通。它们需要信任和承诺。收到礼物会让你与送礼者更亲近或感到对他负有更多的义务。与市场交易不同，礼物有一种制造关系的能力。如果陌生人之间交换礼物，说明他们想要建立持久的关系。

海德指出，因为这两种交换模式代表了人与世界之间两种不同的关系，所以在它们之间来回转换是很奇怪的。向借用手机充电器的同事收费或把一些物品卖给你的母亲，都会让人感觉不太对劲，因为办公室和家庭内部的运作方式是礼物型经济。反之亦然。作为买家的你和克雷格列表（Craigslist）网站上卖沙发的人成为朋友会破坏市场交易规范。我们应该例行公事地出现、交易、"拜拜"，从而保持市场交易简捷的特征。

我的邻居有个朋友是工程承包商。他经常会帮她修理房屋。他们的关系是一场复杂的舞蹈：他从不收钱，所以她为他烘焙糕点、精心准备圣诞节和生日礼物、邀请他和他的妻子来吃饭，并雇用（并多付钱）他的一些朋友来做其他工作。如果她使用一个勤杂工软件，整个交易过程会简单得多。但这不是重点。随着时间的推移，他们复杂的交流使互赠礼物的行为得以持续，他们的关系也将不断加深。这些都是从一个应用程序中无法获得的。

不同的经济结构会对这种交友方式形成鼓励或阻碍。当金钱和效率支配一切时，更容易将遇到的一切事物和人作为实现个人目的的手段，却难以找到时间和机会与我们周围的人建立特别的关系。我们越是以不鼓励对特定事情加以承诺的方式组织我们的经济，我们与社群建立关系的能力就越弱。这种关系是再多金钱也买不到的。

第十一章　开放选择的道德：冷漠与荣耀

20世纪90年代，社会科学家罗伯特·帕特南（Robert Putnam）普及了"社会资本"的概念，即相互信任、共享信息、实施合作和强制性互惠准则的社区能够产生效益的概念。帕特南举例说："当邻居们非正式地监视着彼此的房子时，社会资本就在发挥作用。"在你帮朋友搬家时，你知道当你搬家时他们也一定会帮助你——这也是社会资本在发挥作用。

这听起来温暖又贴心，但帕特南提醒我们，我们从社区中获得的好处一部分是由边界清晰的集体责任带来的。但是，如果破坏规则、未能履行自己的社区责任或退出社区没有相应的处罚机制，即人们不害怕让自己的社区失望时，社区就无法发挥其功能。我们之所以彼此信任，部分原因就是知道别人不愿因辜负我们的信任而遭到集体审判。

"集体审判"听起来很刺耳。但想想"十二步计划"，其实就是一个帮助人们戒酒的问责社区。也可以想一想强制医生忠于希波克拉底誓言的医疗委员会或在工会运动中不能越过警戒线的概念。如果在关键时刻没有人恪守"人人为我,我为人人!"的口号,那么它将变得毫无意义。没有审判,我们都会变得更糟。当然,这种审判不是带着偏见的审判,也不是大众的审判,而是对履行群体责任情况的审判。

如果一个社区的规范是健康友爱的,这种审判可以成为关怀的一种形式。当有人说"我在活动现场没看到你"时,这句话不仅是在批评你,其中也包含着"我在乎你来不来"的含义。当有人说"我觉得你为此大发雷霆有点过分了"时,部分表达了"你说的话对我很重要"。从当下看,你被惹恼了。但从长远来看,只要这些审判是出于爱和尊重,就比被无视要好。去掉这种饱含爱意的审判,就相当于去掉了将我们团结在一起的关键要素。这种关键要素是:意见和鼓励,当然还有互相规劝。

对他人负责就意味着让自己开放选择的程度低一点。这就是为什么我们越来越不愿意加入这种责任制中来。越来越多的人觉得道德宣言必须这样开头:"当然,每个人都可以做他们想做的事,我不会教别人该怎么做,但我认为如果……会很好。"越来越多的人担心成为那种因为强制执行规范而受到指责的人,比如古板的学究或墨守成规的人。的确,这种责任制可以成为一种压迫工具。但并不一定会如此,因为它的作用常常是完全不同的。例如,站出来反对欺凌、种族主义或性别歧视就是让人们承担责任的一种形式。把朋友拉到一边告诉他:"如果你继续这样,你的妻子会离开你。你需要做出改变。"这也是让他人承担责任的一种形式。

但随着人与人之间的隔阂越来越深,相比互相负责,融洽相处在人们心里变得更加重要。在谈到我们这个时代的主流道德时,哲学家查尔斯·泰勒(Charles Taylor)写道:"每个人都有以自己认为真正重要或有价值的东西为基础发展自己的生活方式的权力。"这是在鼓励人们要对自己真实,追求自我实现。其中也包含最终要自己做决定的意思,任何人都不应该去干涉和影响。

这种道德中每一个元素单独来看都是好的,如今大部分人也认可这一点。当事情真的发生时,每个人都必须问一问自己的良知:自己的信仰是什么,如何实践自己的信条。但同意这一原则并不意味着"任何人都不应该让别人知道自己的对错观念"。"对于你的道德,他人没有最终发言权"和"对于你的道德问题,他人什么都不该说"之间区别很大。如果同时接受这两种原则,在开放选择文化中很容易发现任何形式的共同道德都会抑制选项数量最大化。

从道德到中立

是否应加入审判、责任和道德,这种冲突在机构层面也有所表现。学校、职业、官僚机构、宗教等机构通常在设计时都会毫不隐讳地正式提出其内在道德体系。它们有公之于众的价值观和书面化的行为规范。对于破坏规则的行为，它们有正式的处理程序。它们有需要其成员共同遵守的誓言、可以借鉴的英雄故事，以及作为终极追求的使命宣言。一些机构还会将自己的职责进行正式的表达。

然而，当我们越来越不愿意做出承诺时，即当每个人坚持要自由地去做自己的事情时，机构放弃了成员应该拥有共享的道德文化的理念，也不再对他们报以同样的期待。在涉及道德问题时，它们改持中立态度。在实践中，这通常看起来像是机构的工作重心从推进一个使命转向了推进"效率"。在使命驱动型机构中，领导者认为他们的目标是引导每个人为机构的使命服务。这意味着不断提及使命：赞美那些推进它的人，告诫那些辜负了它的人，让新成员理解它的意义，从完成使命的角度评估机构健康状况。通常，这意味着告诉参与者（至少是模模糊糊地告诉）他们应该做些什么。

但是，自从我们不再愿意告诉别人应该怎样做之后，许多机构开始回避谈论服务于某一特定目标的问题。相反，它们的话题转向如何帮助参与者最有效地利用机构这一工具来实现个人目标。我在法学院时就目睹过这种交易。法律体系有自己的特定任务：促进"司法公平"和"法治"。但在法学院，我们很少谈论作为律师应该怎么做才能推动这一任务，也很少谈论律师怎么做会损害这一使命。在法学院，大家都在谈论某一个律师或法学家有多出色。在教室里，经常会听到这样的谈话内容："说说你对她提倡的理念有什么想法，她可是个天才。"其结果是对手段（一个人有效而巧妙地完成法律任务的能力）的痴迷，牺牲的是对目标的讨论（共同思考哪些法律任务值得我们花时间去完成）。正如哈佛法学院教授拉妮·吉尼尔（Lani Guinier）曾经说过的那样："专业性自身成为一种价值，脱离了人们希望通过这种专业性来完成的任务。"

这种转变也困扰着其他机构。当一个工程团队称赞创新而不讨论创新能带来什么利益时，你可以看到这一点；当一个教会庆祝其成员增加了两倍，却不去思考规模壮大的同时是否很好地坚守了神学职责时，你可以看到这一点；当一个政客告诉他的选民他在上个会议上推动通过了几十个法案却不提及法案的内容时，你也可以看到这一点。

这种从道德到中立的转变常常伴随着用规则代替道德的过程。当一个机构拥有强大的道德文化时，它的使命就会得到呈现，并在机构的日常工作中获得生命力。关于我们应该做什么、什么有利于和不利于完成使命，对类似话题的讨论会成为一种常态。参与者们有一个共享的语言、符号、故事、神话和传统数据库帮助他们更好地为使命服务。但当关于参与者应该做什么的讨论开始显得奇怪时，机构就会转向依赖于一系列关于该做什么和不该做什么的硬性规定。

规则和道德之间的区别，就像"律师有没有把客户的钱放在错误的账户？"和"大规模监禁公正吗？"两个问题之间的区别，像"为了赶在最后期限前完工，公司是否在知情的情况下发出了一份有缺陷的工程图纸？"和"我们设计的建筑对人类发展有益吗？"两个问题之间的区别，像"老师是否偷偷篡改了学生的标准化考试成绩？"和"这些考试对我们的学生学习有帮助吗？"两个问题之间的区别。规则是必要的，但是如果没有道德，永远不会有人问出这样的问题。

中立取代道德——效率取代使命，规则取代道德——这种广泛的趋势产生了严重的后果。它改变了机构的本质，让原本充满生命力和内在精神的组织变得冷漠、苍白、机械。道德型机构认为自己是这个世界的参与者，会不断问自己像"我们的报纸该如何迎接当下的紧迫挑战？"或"我们的专业能做什么来弥合最近出现的社会分歧？"这样的问题。中立型机构将置身事外视为一种美德："最好什么都不说，这样我们就不会惹上麻烦。"

这种转变也改变了我们与社会的关系。当我们在日常生活中接触的都是道德型机构时，我们会学着成为一个比自己更宏大的项目的一部分。我们会去学习如何加入道德文化，让这种对我们有所期待的文化引导我们融入超越个人进步的使命。我们会去学习如何通过提高我们的音量和说服他人来扩大影响力，从而推动变革，而不是置身事外，期待更好的未来自动出现。

但当我们在日常生活中接触的都是中立型机构时，我们只会从它们能如何为我们服务的角度看待它们：它们能为我们提供什么样的工具、技能以及追求个人目标的场所？我们与机构的关系就好像它们只是服务提供者，而参与者就好像只是它们的顾客一样。如果机构中的员工没有共同的身份感，那么他们很难让这个机构变得更好。我们得到的信息是如果你对一个机构不满意，那只是代表你选错了。

这就形成了一个恶性循环。当我们无法接触道德型机构时，我们就学不到加入其中所必需的习惯和技能，比如如何被一种道德文化同化或如何在不退出社群的情况下解决争端。为了吸引毫无兴趣加入其中的我们，机构的反应是通过变得更加中立、更加宽容进一步稀释它们的道德文化。它们保证："没有必要做出任何承诺，在这里我们会帮助你保持开放选择。"

从荣耀到冷漠

我们也可以将公共责任和"做自己"之间的鸿沟看作荣誉文化和冷漠文化之间的差异。

荣誉文化是一种荣誉在社区生活中扮演着重要角色的文化。[①] 在荣誉文化中，我们通过坚守社群的标准、价值观和使命赢得尊重。在这方面成为典范的人会受到社群的尊敬。每个人都

---

① 这一定义与近来一些对"荣誉文化"的定义不同，后者指的是时刻准备诉诸暴力抵御侮辱和其他"对个人荣誉的威胁"的文化。

会认真地对待他们在社区中的角色，如父母、邻居、兄弟姐妹、朋友、长辈、老师、水管工或当地奥杜邦协会（爱鸟组织）的会计等。而周围的社区也会认真对待自己的角色。类似诚实、忠诚、勇气和警觉等对塑造角色有帮助的性格品质，会引起人们的关注并得到赞美。诸如入会仪式、就职典礼、婚礼和周年纪念日、毕业典礼和退休欢送会等仪式，都是为了纪念角色转换而设立的。在一个荣誉文化中，你的成功就是集体的成功。当一个人把某件事做得更好时，其他人也会将这件事做得更好。这里有英雄主义生存的空间，因为帮助社区更加繁荣，可以为你自己和社群带来荣誉。你的人生故事将会融入一个更宏大的叙事中。你的故事越美好，整个故事就会越美好。

相比之下，在冷漠文化中没有人认为自己是一个界限明晰的社群的成员。人们很少谈及使命和价值观，也极少举办庆祝活动。即使举办仪式，也常常感觉是在走过场，完全没有意义。对不当行为的讨论会以危害权利、安全和程序的名义展开。最重要的是我们被要求成为一个不妨碍他人的人："遵纪守法的纳税人""从未违反过任何道德准则的医生"或"从未触犯过法律的公职人员"。在特定角色方面，强调的是个性。定义我们身份的是我们的与众不同之处，而不是我们为社群服务的方式。我们的成就只是个人成就，因为我们没有参与到任何宏大叙事中。冷漠文化为保持开放选择提供了完美的环境。

今天，越来越多的人把更多时间花在被冷漠文化占据的社群中。对许多人来说，家庭成为硕果仅存的拥有荣誉文化的地方（我们出生的家庭或我们自己组成的家庭：这里有与我们关系亲密并且我们认为自己应该对其负责的人）。当我们把大部分时间花在冷漠文化中时，我们体验到的世界是完全分裂的：一个是由冷漠的陌生人组成的广阔而冰冷的大世界，另一个是由我们亲密的家庭成员和朋友组成的小世界。在道德层面，我们开始从这个小小的"内部圈子"取得我们的全部荣耀，同时放弃去承担大世界中的任何责任。政治学家爱德华·C. 班菲尔德（Edward C. Banfield）将这种伦理称为"非道德型家庭主义"。因为外部世界能够提供的意义太少，我们只能从"内部圈子"寻找更多意义。但这样一小群人，很难提供足够的意义。

当我们对荣誉文化的全部经验都来自我们亲密的家人和朋友时，我们永远无法学会如何参与到由不那么亲密的人构成的荣誉文化中。社会学家理查德·桑内特（Richard Sennett）称之为"亲密暴政"：感觉与他人产生联系的唯一方式是分享我们最私密的恐惧、担忧和欲望。每一季《单身汉》（*The Bachelor*）都把这个问题表现得淋漓尽致。追求主角最可靠的方法是示弱，无论表现得多么拙劣。

邻居、同胞、同事，在稳定的社群中，人际关系通常介于冷漠和亲密之间。如果我们认为没能建立起这种关系是因为不够亲密，或者说如果我们认为能进入这种关系的唯一方法就是屈服于我们不想要或还没准备好的亲密关系，那么这种建立在冷漠和亲密之间的机构和社群就无法发展起来。

具有讽刺意味的是，许多人现在更愿意与邻居分享最私密的事，却不愿与他们共同参与更基本的项目。几乎每个社区组织者都有这样的体会，让一个新成员坚持每周参加集会比让他做一个引人注目的演讲困难得多。荣誉文化需要的并不是分享私密信息，而是分担彼此的责任；不是与他人分享你的过去，而是承诺践诺，分享你的未来。

我不想让自己听起来存心不良，但我不得不说我们的文化之所以对于对道德主义的审判和怀疑总体持厌恶态度，是出于善意。一个社区在执行它的"共同道德文化"时，实际上常常只是在执行社区中最有权势的那部分人的道德文化。在最糟糕的情况下，腐败的领导者们会冷笑着（通常是虚伪地）运用道德审判攫取个人利益。散文家汤姆·斯科卡（Tom Scocca）将这种行为称为"假仁假义"——用道德正义掩盖不道德的目的。在一个多元化的社会，我们至少需要一些中立的规则和护轨。当然，宽容也是很重要的。不过，宽容不是指"没有道德文化"，而是指对我们自己主观的道德文化保持谦逊的态度。

但是，有一些方法可以在不以冷漠取代荣誉的情况下解决这些挑战。为确认我们面对的基础的不确定性，我们可以像罗伯托·昂格尔所建议的那样，将消耗社区道德成分的中立性换成开放性：在保留道德成分的同时，对新思想、各种实验和变化持开放态度。两者的区别在于：中立性代表"我们没有共同的使命，做你自己"；开放性代表"我们有一个共同的使命，但我们愿意讨论理解它的不同方式"。

当社会作为一个整体允许多种多样的道德社群共存时，就为人们加入多个荣誉文化创造了可能。专栏作家大卫·布鲁克斯（David Brooks）将其称为"承诺多元主义"：拥有多个"相互平衡和协调"的承诺。当你把自己奉献给你的家人、你的邻居、你的技艺，你就能获得参与道德社群的好处，同时减少被其他道德社群碾压的风险。对于承诺多元论者来说，荣誉文化不必是包罗万象的。

为了减轻集体审判的残酷性，我们可以像莱因霍尔德·尼布尔（Reinhold Niebuhr）建议的那样，用宽恕代替冷漠。

尼布尔写道："宽恕，而不是宽容。宽恕是对利己主义和群体性自以为是的恰当纠正。"这一理念可以回溯到责任制和关爱之间的关系。对某些人负责就是把他们看作你的共同社群的一部分。通过点出一些人的名字，你确认了他们在社群中扮演的角色，然后当他们做得很好时，你再次点出他们的名字肯定他们在社群中扮演的角色。（今天我们常常做着相反的事：我们没有可以指引自己的道德社群，并且当人们犯了错时，几乎得不到原谅。）有了开放性和审判后，再有宽恕的加持，我们不仅可以拥有道德，还可能收获积极向上、追求高尚的荣誉文化。

导师和先知

想想那些对你的生活影响最大的人、群体和时刻。他们常常是那些让你精疲力竭的教练、依赖你的团队、在你做了一件愚蠢至极的事之后默默指引你前行的朋友。对于我的妻子拉克来说，那是她的夏令营。她在科罗拉多的营地是一个荣誉文化的典型例子。和许多营地一样，它的活动围绕着仪式和角色、价值观和庆祝、神话和使命展开。例如每期开营时，营员们都会一起编制"生活守则"——一套在营期间互相扶持的价值观。所有的营员都要努力践行这些价值观，而当有人行为不当时，辅导员会根据生活守则与他们交流并纠正他们的行为。在每期活动结束时，营员们会投票选出他们认为最能代表这些价值观的成员。这些被选出的人会获得营地公民的称号——这被认为是一个很高的荣誉。对于最年长的营员，这个奖项叫作"金钥匙奖"。但这不仅仅是一个奖项。在之后历年举办的夏令营中，营员们会期待获过这一奖项的人继续发挥"关键人物"的作用，始终做践行夏令营价值观的典范。

当这样的营员行为不当时，辅导员会进行"荣誉召唤"，给他们施加特别的压力。拉克想起当年辅导员跟她谈话时的情景，至今仍感到脸上发烧：在一次午餐时间严重超时后，一位辅导员把她拉到一边告诉她，"我希望有一个更好的'关键人物'"。这件事写出来似乎没什么趣味，但所有在这个营地参加过夏令营的人都记得这些"荣誉召唤",并认为它是人生中最重要的课程之一。

在我大学毕业后的第一份工作中,我偶然发现了这一点。我当时工作的团队正在为提高全国最低工资标准而奋斗。我们与沃尔玛这样的大企业做斗争,希望工人们的时薪能增加两美元。在入职三个星期后,我的老板(他是一位传奇人物,曾成功组织了多项正义运动)把我叫进了他的办公室,骂了一顿。他说我没有真正认识到任务的困难程度。

"你正在与世界上最大的公司战斗。你认为你现在的工作水平能够挑战它们吗?"他生气地问我。我还没来得及回答,他继续说道:"有很多人上了名牌大学,就自以为很聪明。如果你只想做一份普通的工作,没问题。但你靠一点小聪明,不可能击败沃尔玛,也不可能帮助任何人提高工资。你的心里应该有一团火,但我没看见。"

有生以来,从来没有谁这样直接地批评过我。在我表示歉意之前,他继续对我说:"如果你想让我看到你心中的火焰,你不如在这个周末读五本关于沃尔玛的书作为开始。这很容易做到,而且你如果想在这儿获得成功,了解一下沃尔玛也是必需的。"

五本书?我以前甚至从来没有在一个周末读完过一本书。但我想证明自己。那个周末,我在家里尽我所能以最快的速度阅读。可怕的是到星期一早上我只读完三本半。我来到办公室,为没能完成挑战满心羞愧地向老板道歉。

"没关系,"他微笑着回答,"可是你现在是不是已经明白,当你心中有一团火的时候,你能做到什么样?"听到他这样说,我恍然大悟。而 10 年后,他在我心中点燃的火仍在熊熊燃烧。只看眼前,我们渴望轻松的生活;但从长远来看,我们渴望获得荣誉的机会。

再想想那些对我们的集体生活影响最大的人和群体。哪些人在世界上留下了自己的印记?绝不会是那些冷漠的人,也不会是那些不愿意谈论使命、价值观或责任的人。他们通常是那些唤回了我们价值观的人,那些以这样或那样的形式训斥我们"丢脸!耻辱!"的人。

以本杰明·雷(Benjamin Lay)为例。这位贵格会侏儒在 18 世纪早期走遍全美,发起了反对奴隶制的运动。雷在一生中完成了 200 多篇论著,其中最著名的是《所有把无辜的人奴役起来的奴隶主,都是叛教者!》(*All Slave-Keepers That Keep the Innocent in Bondage, Apostates*!)。有人劝他淡化书中的道德主义,但被他拒绝了。"不管是男人还是女人,男孩还是女孩,当他们的生活中全是谎言时,不应该忍受,更不应该装模作样地在我们的集会上宣扬真理。"他这样说。奴隶主身上有"野兽的特征"。雷喜欢在《圣经》里塞上一包红色商陆汁,然后站在人群之前,将一把剑举过头顶,高喊着"神必使那些奴役同类的人流血!",将剑刺向《圣经》,血一般的果汁就会从《圣经》中流出来。

当时大多数美国白人认为废奴主义者是"道德偏执狂"。(斯托夫人曾经提到过人们的这种认识)。但事实证明,站在了历史正确的一边的是本杰明·雷这样的人,而不是那些劝他冷漠一些的人。

在每一项伟大斗争中,参与者炽热的道德主义刺痛了许多走在错误道路上的人。琼斯妈妈(Mother Jones)是煤矿工人的组织者和反对童工的斗士,她在参议院会议上受到指责,被骂是"所有煽动者的祖母"。(现在听起来像是赞美,但当时并非如此。)从强制安装座椅安全带和安全气囊的规定到《清洁空气和水法案》,从《信息自由法》到《举报人保护法》,在推动数十项消费者保护措施出台的过程中,拉尔夫·纳德一直被叫作"冷面谩骂者"和"令人讨厌的道德家"。当艾达·B. 威尔斯开始推动反私刑运动时,《纽约时报》曾刊登文章,说她是为了牟取私利而不是为了运动成果,是"一个诽谤他人、思想龌龊的女杂种"。

有一个词可以用来形容像雷、琼斯、纳德和威尔斯这样的人,那就是"先知"。今天,先知常被理解为"能预测未来的人",但这不是它的最初含义。对"先知"这个词更好的解释是那些能唤回我们的价值观和复兴我们社群的核心使命的人。在那些已经僵化的社群,即那些虽然举行仪式但仪式已经没有任何意义的社群,先知的出现可以打破僵局,引入充满新生精神的新实践。在那些变得过于分散的社区,即丹尼尔·贝尔所谓的无法容纳"不和谐的声音和相互冲突的信仰"的社群,先知的出现能够将人们重新召集起来,把各种意义融合成一个全新的整体。

想想先知以赛亚。他用一段话批判了邻居们虚伪的斋戒："看呐,你们禁食的日子仍求利益,勒逼人为你们做苦工。你们禁食,却互相争竞,以凶恶的拳头打人。"但他这样做是为了接下来告诉他们,他们"必重建久已荒废之处,必重建历代拆毁了的根基,必成为修补破口的人和重修路径给人居住的人"。先知的否定是为了恢复。先知拒绝冷漠,他们做出审判并召唤人们重拾自己的角色和责任——先知是荣誉文化的捍卫者、复兴者和参与者。

但当我们的终极目标是保持开放选择时,我们不愿听从先知的召唤,回归原有的价值观,也不愿听从导师的劝导,坚守承诺而不惑于一时冲动。不过,当我们走向出口时,最好不要让任何人失望。

第十二章　开放选择的教育：进步与依恋

数学家和哲学家阿尔弗雷德·诺思·怀特海（Alfred North Whitehead）曾经说过："教育的本质是宗教。"当然，他指的并不是"有组织的宗教"。怀特海认为宗教教育的目的是"灌输责任和敬意"。说教育是一种宗教（是这种意义上的），是因为它能帮助学生建立与特定事业、工艺、理想、机构、社区和人民的盟约。换一种说法，责任和敬意是帮助我们产生依恋的力量。

了解世界就是承担责任。神学家高思帆（Steven Garber）写道："知识意味着责任，责任意味着关心。"知识暗示着我们：我们知道的越多，我们就越能承担责任。在某个方面成为专家，意味着要对世界的一个角落承担责任。高思帆认为，在教育过程中，最好的问题是："知道了我所知道的知识，我该做些什么？"

这种回应的冲动（一种牵涉其中的感觉）是所谓的"我们的使命"的另一种含义。这是理解我们如何被教育"绑定"的另一种方式——不是通过命令，而是通过责任感（责任）；不是借助严格的规则，而是借助与更具权威的声音的关系（敬畏）。

舍恩施塔特运动（Schoenstatt Movement）的成员，是一个有着百年历史的人际网络。这一网络由天主教堂内的宗教和内部教育机构组成。他们甚至把这个概念扩展到了对小学生的教育中，称之为"依恋教学法"。在他们看来，教育工作者的任务是通过让学生与特定的人、地点、思想和价值观进行交流、发展关系、建立感情，从而形成对它们的依恋。一旦这种依恋建立起来，目标就变成了给学生空间、安全感和鼓励来进一步加深这种依恋。舍恩施塔特运动的教育工作者认为，这样做能让学生扎下"灵魂之根"，从而能够体会到爱和被爱的意义。

用这种方式描述教育似乎很奇怪。并且，教育的另一个重要部分当然是学习如何进入产生依恋的临界距离。但回想我们最喜欢的老师或导师，会更有意义。他们通常是那些帮助我们深入接触某种事物的人。他们介绍我们读夏洛克·福尔摩斯探案故事，教我们打垒球，鼓励我们去尝试编程或者去听美国国家科学院的广播节目，因为他们自己就是这些事情的爱好者。他们的热情很有感染力。简单地说，我们最喜欢的老师往往是那些谆谆教导我们责任和责任感的人。按照怀特海的定义，他们是最虔诚的人。

依恋体系

这种方法将教育视为培养依恋的过程。衡量教育水平的标准不仅仅是我们选择的广度，也包含我们与我们的热情之间关系的深度。对于这种方法，所谓高质量的教育应该在校内外为学生提供各种机会，让孩子们对特定的事物产生依恋。

这些"依恋体系"的形式多种多样。一个典型的例子是做学徒——向一位工艺大师学技艺。《摩托车修理店的未来工作哲学：让工匠精神回归》（*Shop Class as Soulcraft: An Inquiry into the Value of Work*）的作者马修·B. 克劳福德（Matthew B. Crawford）写道，学徒制能帮助我们了解书本上没有的知识。他解释说，技艺是一种直观知识，这种知识只能通过反复实践和反复失败获得。这就像你十分了解你最好的朋友或你的家乡，但如果让你把它们写下来，你还是会觉得很为难。你可能只会说："我就是知道。"

学徒生涯还能让我们更好地了解自己：我们的天赋和缺陷；对我们来说，什么容易，什么困难。其中部分原因是技艺有一个非常真实的反馈机制，比如一张桌子是否结实、观众笑了没有、球进没进篮筐。你可以跟在师傅身后絮絮叨叨，否认现实，但是一个好的师傅会始终引导你正视技艺反馈给你的东西。

技艺之所以能提供这种真实的反馈，因为它将我们与我们自身之外的一些客观真实的东西联系在了一起。客观真实的东西，不会受到他人支持或反对这种不确定的主观意识的影响。因此，在技艺上取得成功特别令人愉悦。正如克劳福德所说，你不必"用语言诠释"你的成功，你只需用手指一指你的作品。恰如说唱歌手德雷克在《头条》（"Headlines"）中唱的那样："当他们播放我的歌，我什么都不用说，他们也知道。"

俱乐部和体育团队可以以同样的方式运作。就像成为学徒一样，俱乐部让我们放下自我，让我们与其他东西建立起关系，如运动、事业、技艺或任务。与学徒制不同，你在俱乐部中不仅仅能建立你与一门技艺的关系，还能建立你与他人之间的关系。俱乐部不仅能教会我们实用的合作技巧，还能教会我们与他人共享一种身份的精神技能。我们要学习如何将自己的命运与他人的命运联系在一起，如何将自己的成功与他人的成功联系在一起。现代美国娱乐业的奠基者之一约瑟夫·李（Joseph Lee）认为加入运动团队是获得"公民身份最简单和最基础的方式"。李说，当你身处团队之中，"当你意识到自己是团队一员时"，你就短暂地失去了自我。你分享了"一种共同的意识"，你自身的情感让位给了"一个共同的目标"。

第三种依恋机制很简单，出现在拥有长者的年轻人社群中。当长者赢得了尊重，他们就成为年轻人的师傅：以身作则，引导年轻人发现值得建立关系的目标和如何更好地与之联系在一起。有时候，导师会明确告诉我们如何做到这一点，比如告诉我们去尝试某些活动、读哪几本书，或去和最近出现在我们 Instagram 相册中的某个人约会。有时候，他们只是以自己为模板，激励我们去模仿。长者可以为我们创造小范围的荣誉文化。他们可能会用礼物庆祝我们与某些目标建立了联系，为进步举行仪式，当然也许最重要的是让我们对自己的承诺负责。

人类学家比阿特丽斯（Beatrice）和约翰·怀廷（John Whiting）夫妇对不同文化背景下的儿童与不同年龄的儿童如何互动，以及互动频率进行了研究。他们发现在年龄差距较大的情况下，孩子们表现得更缺乏教养和合作精神。当身边没有激励我们去做出承诺并引导我们在混乱中坚守承诺的长辈时，我们很难走出自己的藩篱。当然，这并不意味着成长的唯一途径是对权威长者的僵硬顺从。当我们将长辈视为"值得信赖的导师"时，我们能从他们身上学到最多的东西。但是，只有当他们不是借助权威，而是通过启发灵感和赢得尊重的方式激励我们时，年轻人才会视他们为"值得信赖的导师"。

最后一个值得提及的依恋机制是英雄。纽约州教育部曾采访过阿尔伯特·爱因斯坦，问他学校最该优先考虑什么。他的回答可能会让有些人感到惊讶——他几乎没有提到物理学。相反，他说学校"应该广泛探讨那些有着独立的人格和判断，对人类做出贡献的人"。爱因斯坦认为我们需要有值得敬仰的英雄。名人堂、年度颁奖典礼、挂满肖像的走廊都缘自这一思想。这也是天主教徒研究圣人、各国竖立雕像、把开国领袖印在货币上的原因。英雄是我们的楷模，而他们的生平事迹，能告诉我们如何做才能让自己更贴近他们。

英雄帮助我们的方式和长者一样：他们告诉我们什么是值得依恋的。当谈到自己是如何开始学习一门技艺、加入一项事业或爱上一片土地时，许多人都会引用英雄的故事。有的人选择遗传学，是因为他们想成为下一个芭芭拉·麦克林托克（Barbara McClintock）；有的人投身监狱改革，是因为他们想成为布莱恩·史蒂文森（Bryan Stevenson）那样的人；有的人搬到纽约，是因为他们也想成为帕蒂·史密斯（Patti Smith）。当英雄的故事引起了共鸣，他们就像北极星一样：吸引着我们，指引着我们，照亮了我们走向新家园的道路。

专注于个人提升的教育体系

但责任、尊敬和依恋与保持开放选择的精神实质是相悖的。上文中，描述了这样一种教育方式：学习一门技艺、加入一个队伍或受到英雄和师傅的感召，从而将自己嵌入一个能赋予你定义并让你更加坚定的人际网络和意义之中。这也是在开放选择文化中的教育工作极少关注依恋培养、更多关注以个人提升为目的的训练的原因。

个人提升教育贬低了学徒制和其他类似机制的价值，如手工课、家政课、音乐、艺术和社区工作等。在个人提升教育中，我们学习抽象技能和大量知识，而不是培养对特定事物的依恋。学生的技能和知识水平也不是在充满激情的项目运作过程中有机地提高的，而是被分解开来、合理安排、按部就班地加以学习。例如，第13.5单元：学生将学习正确使用正弦和余弦的比值；第37.8单元：学生将理解一手史料和二手史料之间的区别；第44.2单元：学生将学习正确分辨明喻和隐喻。

个人提升教育中没有尊敬和责任的位置。按部就班地学习技能和知识的目的不是为了让你与比自己更宏大的事物建立真正的关系，它是为了让你掌握未来个人会使用的技能。当孩子问为什么这项或那项知识及技能很重要，个人提升教育的回答是："将来，它有助于你的个人提升。"

在个人提升教育中，没有时间在地理课上用史诗般的地图制作史启发我们，没有时间讲述毕达哥拉斯作为一个数字狂人的动人故事，更没有时间向我们解释当今关于历史观的重大争论。因为需要学习的技能和知识太多了，其他东西最好都砍掉为妙。在个人提升教育中，尽管填鸭式学习讲授的内容更深，但我们没有时间解锁直观知识。这样的教育就像一列呼啸前行的列车，如果你为了感受三角形、第一次世界大战或十四行诗的相关知识而下车，你可能就会被落在后面。个人提升教育让我们在学位之外几乎没有成就感——没有能赋予你这一路跋涉以意义的最终成果，也没有任何东西能让你感觉到自己做得很棒。相反，我们只是按照课程安排，学习了一个又一个模块。教育家琳达·达林-哈蒙德（Linda Darling-Hammond）很好地点出了个人提升教育的本质:"如果用学校里教授技能的方式教婴儿说话,他们应该先记住一系列预先设定了顺序的音节,然后自己在衣柜里单独练习。"

虽然学徒制已经很少见,但在今天的美国儿童中,俱乐部和体育团队仍然是很重要的依恋机制。不过,个人提升的伦理正在侵蚀着它们。这可以表现为"补习"活动——夏令营和课外活动的设计方案不再是与他人一起进入社区,更多的是围绕着如何在学校里取得竞争优势。另一个例子是俱乐部和体育团队的过度形式化,成年人没有给孩子们与同龄人一起参加活动和创造共同经历的空间。

最有害的是,我们开始认为俱乐部和体育团队是用来丰富个人简历的项目,不是为了让人找到自我之外的目标,反而是为了能让自己更好地提升。在完成一件事后,在个人简历里将它体现出来并没有什么坏处,但为了入学申请和个人简历更加丰富而参加俱乐部和体育团队改变了我们与它们的关系。比如,你可能会发现自己参加俱乐部财务主管或队长竞选不是因为你真的想做这项工作,而是因为这会让你的简历更好看。

向长者学习是最基本和最有机的依恋机制之一,但年龄隔离意味着它也在衰落。一个世纪以前,人们和不同年龄的人一起生活、工作、学习和娱乐的情况比现在要普遍得多。大部分美国老年人和他们的成年子女住在一起,绝大多数工作场所都是多代同堂的。流行的娱乐活动,不管是乡村集市还是社区音乐会,都欢迎各个年龄层的人。在学校,不同年龄的学生会在一起学习。青少年会和幼儿、儿童、老年一起出去玩，而不仅仅是和同龄人在一起。

但随着时间的推移，越来越多的生活领域开始按年龄划分。在生命周期的一边，是养老院和养老社区；在另一边，是托儿所、幼儿园、小学，以及专为年轻夫妇服务的社区。工作不再在家庭中进行，这意味着孩子们很少有机会看到父母的工作场景。（当然，也不全是坏事。比如《童工法》让更多孩子可以去学校读书。）学校开始按照年龄划分年级，这意味着孩子们几乎没有机会与比自己大四五岁或小四五岁的孩子相处。现在的娱乐活动是为特定年龄群体量身定制的，创造了一种独立于成年人世界的青年文化。利昂·尼法（Leon Neyfakh）在 2014 年发表的一篇文章中写道："以前，青少年会花大量时间和成年人在一起，在农场工作、当学徒或帮助打理家庭生意，但现在他们把课余时间都用在了社交媒体上，交流的对象大多也是年轻人。"

如今，与成年子女同住的老年人不足 1/5。大约 1/3 的老年人住在全部或大部分是老年人的社区。根据现在的趋势，代际交流将越来越少。最近，研究人员请最年长的两代人列出在过去的 6 个月里所有与他们讨论过"重要问题"的人，其中只有 6% 是来自最年轻的两代人的非家庭成员。代际信任也在减少，越来越多的老年人认为年轻人是自私的白痴，而越来越多的年轻人认为老年人是高喊着"滚出我的草坪"的怪物。这种代际隔离和不信任的加剧让师徒关系更难形成。在深化他们与各种特定承诺的关系这一奇妙而混乱的旅程上，孩子更多了，但向导反而更少了。

我们对英雄的了解也越来越少。只有拥有集体道德传统的学校才会给学生们讲述英雄的故事。要找出值得仿效的人物，一个群体至少需要对成员应该做什么或成为什么样的人有一些共识。但就像上一章中讨论的机制一样，越来越多的学校为了安全起见，选择对混乱的公共使命、理想、价值观和美德标准保持中立。随着学校中的仪式越来越少，使命宣言也越来越少出现在日常活动中。悬挂肖像、建立名人堂和对史诗时刻的讨论，都变得越来越稀奇。当道德文化消失了，作为其代表的英雄也就消失了。

个人提升教育与这一趋势密切相关。告诉我们应该做什么，应该成为什么样的人是与提升教育的宗旨背道而驰的。在一个推行提升教育的学校，获得荣誉的最好方式就是不择手段地提升自我。建立一种共同的道德文化，通过神话和英雄加以传播，在其中注入神秘感和诱惑力，激起人们的敬畏心和责任感，需要大量时间和努力。一个只专注于技能和知识的机构，永远不会提供培养和维持这种文化的空间。

在当代孩子们的生活中，依恋教育和个人提升教育这两种教育模式间存在着冲突。一方面是非正式的师傅和师徒制，教师会挤出时间努力向学生灌输对一门学科的尊敬，教练们会经常与队员们谈到责任，强调教育是学会加深与比我们自身更宏大的事业之间的关系。另一方面是抽象的技能和"补习"营，简历美化和提分术,以及强调教育是学习如何让自己为下一阶段做好准备。开放选择文化则把手放在了天平的一边:它给我们提供了工具,让尽可能多的大门保持开放,却未能培养出能够帮助我们决定哪些门值得走进去的纽带。

野心家和专业人士

对于那些高中毕业后继续接受正规教育的人来说,这种冲突是不断升级的。在大学校园里,建立依恋的机会比比皆是。几十个运动队和俱乐部、寻找徒弟的大师、新城市里新的亚文化,还有与自己的社群融为一体的教授们,大学生们面对着无数的选择。大学里承载着荣誉文化的空间也更多了,比如雕刻着格言的大门、传奇历史故事、受人尊敬的校友等。

但对于个人提升的强调,也比之前更突出了。它就像一股稳定的暗流,推动你保持开放选择。俱乐部将自己标榜为简历提升利器,职业指导办公室会引导你选择最受市场欢迎的专业。接受了它们邀请的学生经常被指责是在追逐名声和满足自我。但根据我的经验,那些在职场中努力向上爬的人的所作所为与声望和自我(或金钱)关系不大,他们的动力更多地与恐惧相关。这是一种对"门被关上"的恐惧。他们认为,获得声望是避免失去选择权的最好方法。

根据我对被这种恐惧控制的同龄人的观察,有如下发现:他们越是努力保持开放选择，他们就越容易陷入困境。在获得一些抢手的职位或工作机会后，他们感觉自己不能"辱没"了自己的名声，将不愿再接受不能带来声望的工作（即使这些工作才是他们真正想做的！）。对一些人来说，获得声望的过程就是跳进了一个标准化、制度化的圈，但这一过程让他们更渴望去走一条不那么标准化和制度化的道路。大多数人只是习惯了他们的第一份"能保留选择权的工作"，并因为缺乏动力而一直没有辞职。

当前的任务是为未来做准备，这对初中生和高中生来说是说得通的。最好不要在 12 岁时就锁定未来的职业。但奇怪的是，从为生活做准备阶段过渡到生活本身的时间点越近，我们越不愿意去谈论职业目标。我在法学院的时候，情况就很荒谬。同学们仍然在谈论能让他们有更多选择的工作。我心想："嘿，时间不多了，什么时候生活才能真正开始呢？我们随时都可能死去，却一直什么都没做成，只是一直在做准备。"

我开始感觉自己受到了愚弄。小时候的我被告知："这最终会对一个重要的目标有帮助。"但当我长大后，我得到的信息变成了："这意味着聪明伶俐并有一份别人羡慕的专业工作本身就是目的。"当人们谈到具体的工作或企业时，他们通常讨论的是其严格的入职条件。公司中处于"高位"的人会跟我们交流，但很少提及正在进行的工作，比如正在推进的项目、正在产生的效益、正在解决的问题等。没有人期待我们去思考我们应该为了什么或为了成为什么而奋斗。社会对我们的期待是我们能够到达我们想去的地方。换句话说，社会期待我们提升自己。

在作家 C. S. 刘易斯 1944 年发表了一篇关于"内圈"（The Inner Ring）的演讲中，描述了一类这种无意义的奋斗。在所有社区，无论是医院、法院，还是教区、学校，你都会发现有所谓的"内圈"：将你排除在外的内部圈子。刘易斯解释说，如果闯入了一个内圈，你会发现"在那里还有一个更核心的圈子"。于是，他提出了一个"内圈崇拜者"的概念，即那些因为不能进入一个"内圈"而憔悴和郁闷的人或始终在一层一层向核心进攻的人。他警告人们不要做这样的"内圈崇拜者"，不要把进入更加封闭的圈子作为生活的全部追求。

刘易斯警告说，对"内圈"的追求是危险的。当我们认为我们即将进入下一个圈层，并认为进入的回报十分重要时（当"杯子离你的嘴唇如此之近"）；当"你很怕看到另一个人的脸……突然变得冷漠和轻蔑，你知道你曾受到'内圈'的检验却没有通过"时——我们会愿意打破规则和牺牲我们的价值观进入其中。之后，刘易斯提醒道："如果你被引入了'内圈'，下一周你将会再打破一些规则，而下一年还可能会更进一步。"进入下一个圈层的欲望是永远不会满足的。刘易斯警告说，以它为中心建立自己的生活，就像是剥洋葱：如果你成功了，"什么都不会剩下"。

刘易斯认为，追求进入这种"内圈"不会产生任何结果。但是，努力奋斗的当代大学生并没有发现这一点。对他们来说，追求进入"内圈"似乎能让他们在毕业后有所收获：在同样被开放选择文化统治的领域中获得一份管理工作。半个世纪前，想成为一家大型企业的领导者，标准途径有两条：要么自己创建一家，要么在其中逐级晋升。关键在于你对公司的承诺——你要成为一个"公司人"，并"为公司带来荣誉"。从前，大部分企业的员工都会坚持被简·雅各布斯称为"卫兵"精神的道德标准。这种标准强调坚持传统、遵守纪律、珍惜荣誉，最重要的是忠诚。

如今，大型企业的领导者拒绝忠于任何特定实体的现象越来越常见。评论家迈克尔·林德（Michael Lind）写道，"横向流动"成为主流："外交官变成投资银行家，投资银行家变成大使，将军进入公司董事会，公司高管成为非营利组织董事。""公司人"的观念已经成为历史。大多数人都知道只有从一个组织跳到另一个组织才能实现个人提升。结果，当下大多数企业的成员坚持的是被简·雅各布斯称为"商人"精神的道德标准。这种道德标准强调与陌生人愉快合作、自愿达成协议、拥抱新鲜感、创新和竞争，最重要的是，对所有人都保留自己的选择权这件事泰然处之。

对许多人来说，因为企业也都是围绕着"个人提升"设计的，这使他们从受教育阶段到职场的过渡更加平顺。一个人永远不需要从准备和个人提升切换到目标和依恋关系，因为每个人仍然保留着自己的选择权。上高中是为了上大学的机会，上大学是为了工作的机会，从事现在这份工作是为了保持获得其他工作的机会。这是一系列"为了个人提升做准备"的过程。如果用一个词准确形容这种心态，那就是：野心——认为个人成就的价值高于一切。

这种道德标准并不是不可避免的，我们可以有其他方式构建高等教育和实际工作之间的关系。与其围绕培养野心设计大学教育体系，不如围绕培养专业精神设计它们。从表面上看，专业精神似乎很沉闷，它让人联想到西装革履的职员、"恰当"的交流，以及冷淡、疏远的互动。但这些年来，我们已经失去了专业精神中相对古老、深刻、鼓舞人心的含义：成为一个能力卓越的社群中的一员。成为专业人士并不只是获得一个个人称号，而是意味着选择了一个专业。一旦我们加入了一个专业，我们就相当于"公开宣布"我们想要达到最高的水准。

在这个更深层次的意义上，专业不仅仅是一套技能，它们在达到极致时是一种荣誉文化。专业人士有服务公众的使命——赢得和保持公众的信任。他们对技术和道德同样尊重，并赞扬那些在任一方面表现优异的人。他们有自己的行为准则，当有人违反时就会群起而攻之。他们会建立代际传承，期望你从学生成长为老师。

正如西蒙娜·韦伊所写的那样，专业可以让人们"所有关于高贵、英勇、正直、慷慨的记忆，以及在个人实践中体现出的天赋"保持生命力。它们拥有很多能够激励和指导从业者的传奇故事和可以效仿的英雄人物。它们拥有仪式、传统、入会仪式和誓言（比如希波克拉底誓言）。专业让我们认识到自己的成功就是专业的成功，专业的成功反过来也是我们自己的成功。

刘易斯说，如果我们能停止追求进入"内圈"，"克服成为局外人的恐惧"，就能获得这种真诚的专业精神。他写道，成为专业人士"绝不等同于进入'内圈'或成为重要人物或知情人士"。但"如果在你的工作时间里，把工作当作你的目标，不久你就会发现自己已经在不知不觉中进入了你所在专业唯一真正重要的圈子。在你成为工艺大师后，其他大师也会认识到这一点"。

在最好的情况下，一个专业不仅仅为其从业者服务，还会要求其从业者为其公共使命服务。作为交换，它们为从业者的生活指明方向、赋予意义。专业把你放在一个更宏大的故事里。用韦伊的话说，它们把你和"死去的、活着的和尚未出生的人"联系在一起。要成为一位伟大的芝加哥建筑师，需要参与到芝加哥建筑的史诗故事中；要成为一位伟大的卡津（Cajun）厨师，需要参与到卡津美食的史诗故事中；要成为一名伟大的护士，需要参与到护理工作的史诗故事中。

通过将我们与这些宏大的故事联系在一起，专业给了我们一些高于自我提升的东西。在《地下室手记》（*Notes from Underground*）一书中，费奥多尔·陀思妥耶夫斯基（Fyodor Dostoevsky）哀叹："甚至从未成功成为任何东西：既不坏也不好；既不是无赖，也不是诚实的人；既不是英雄，也不是蜷蚁。"一个专业可以帮助我们避免这种命运，因为它诚挚地邀请我们去追求一个高尚的目标：成为专业人士。如果我们的技术落后了，我们可以努力精进它。如果我们的专业落后了，我们可以努力引导它向另一个方向发展。通过这一切，我们的生活呈现出良好的状态。我们拥有了属于自己的生活指南。

哲学家艾伦·布鲁姆（Allan Bloom）写道："每一种教育体系都想培养出某种特定类型的人。"依恋型高等教育培养出的是专业人士。在开放选择文化中，开展这种教育很不容易。当一个人的工作不是为了个人成就，而是为了深化和一个技能群体的关系，将不利于保持开放选择。

个人提升型高等教育培养的是另一类型的人。在最坏的情况下，它培养出的人被历史学家和古董经销商塞缪尔·比亚吉提（Samuel Biagetti）称之为"宜家人类"。宜家家具的原料来自各种生态系统，然后被送到木材加工厂，切成木板，打成粉末，然后混合在"化学药剂"中，最后压制成"更轻、更便宜的板材"。宜家采购这种板材，切割成零件，分装在盒子里，然后配送到世界各地的商店。这个过程最后得到的是一件由几十片板材组成的"外形时髦但不太结实的家具"。

比亚吉提说，作为宜家目标消费者的"野心家们"有着同样的人生历程。他们可能来自底蕴深厚、充满意义的社区，但他们所受的教育将他们从社区中带了出来，抹去了他们身上的特色，教给他们抽象的技能、必需的技术信息和能适应任何地方的和蔼可亲的性格。它们是"现代的、可移动的、可替代的"。

比亚吉提的说法有点尖刻，但也切中要害。他所描述的野心家们让人感到有如无根浮萍,但他们也很难想象其他生活方式。他们可能会去寻找更深层的身份认同和自己的社群,比如他们的祖父母生活的那种社群。但当要求他们做出和祖父母一样的承诺时,比如真正了解他们的邻居、加入公民团队或教会团队、接受群体的道德期望的束缚等,他们又会觉得很为难。

我们很多人都做不到这一点。这并不奇怪,因为虽然我们学到了那么多抽象技能、为自己的未来做了诸多准备、将提升自我的工具装满了工具箱,但我们从没有学会我们最需要的东西:如何建立依恋。相反,我们学到的是"永远不要安定下来"。接受依恋型教育,就是学习安定下来的艺术——投入特定的专业、技艺、事业和社群,并从中找到敬意和责任带来的内心安宁。

第十三章　洪水与森林

　　任何事情都有适合它的时间和地点，保持开放选择也不例外。有时候你需要逃跑。有时候你需要的规则是"我不打扰你，你也不要打扰我，我们可以继续各自的生活"。有时候适合自学一些技能，不需要师徒关系，也不需要成为一个好队友。钱、冷漠、自我提升——它们都可以帮助你更轻松地完成自己的任务、走自己的路，按你自己的方式行事。

　　但当保持开放选择文化支配了所有，我们会错过什么呢？这个问题值得我们思考。当所有备受珍爱的东西都被货币化、商品化、统一化、官僚化。会发生什么？当我们不再谈论使命和英雄，当仪式和传统都失去了意义，当你做错事时没有人责备、做对了事也没有人庆祝，会发生什么？如果孩子们不再学习敬畏和责任，教育无法建立任何人际关系，职场仅仅是工作的地方而不是一个大家共同努力提升竞争力的群体，会发生什么呢？

浏览是一个不错的选择，但当它成为唯一选择时，会出问题吗？如果你看一看那些被开放选择文化统治的地方，你会发现答案：问题很多。

抛　弃

被开放选择文化占据的地方，社群参与就被抛弃了。私人生活增加了，公共生活减少了。许多人不再参加市民集会，也不会去了解他们的邻居。社区生活和政治生活中，越来越多的领域正在变得专业化，主要由雇佣人员而不是整个社区管理。公共领域已经成为一个向当局表达个人不满的地方，而不是邻居们聚在一起解决共同问题并设想新的可能性的地方。对许多人来说，这些现象导致的结果就是孤独。所有一切都触手可及，除了我们真正需要的东西：其他人。

由于公司都保持开放选择，城市被放弃了。我们可以在全国各地的小城市看到这一点——企业放弃了对社区的建设。马萨诸塞州匹茨菲尔德的居民为通用电气服务了几十年，但该公司搬离后，留下了数百名失业的居民和一条被污染的河流。在西弗吉尼亚州的麦克道尔县，一家沃尔玛的到来曾改变当地经济，但它 10 年后又离开了。我们还可以在更大范围内看到这一点：当国家能提供帮助时，公司很高兴是这个国家的一部分，但国家要求它们做出回报时，它们会假装自己是外资企业。拉尔夫·纳德曾鼓起勇气，要求美国最大的 100 家公司在年度股东大会上宣读效忠誓词，说明自己对建立它们的国家的公共利益负有义务。结果，只有一家公司同意这么做。大多数公司对纳德的回应是带着困惑的拒绝。虽然它们中许多曾把国旗悬挂在公司内、印在产品上，把自己的历史说成"美国的成功故事"，并在他们陷入困境时也曾请求美国人施以援手，但它们不明白为什么有人会在商业会议上谈论公民义务。

城市设计评论家詹姆斯·霍华德·孔斯特勒（James Howard Kunstler）周游全国，就城镇破坏问题发表演说。在他看来，当地方领导人不再把城镇的土地视为一个整体的一部分，不再将其视为一个值得爱的地方，一个属于"更大的社会组织的一部分"的"神圣的信任"，而是开始从它如何服务于不相关的个人和产生税收的角度看待它时，城镇就会开始遭到破坏。他对这种建立在精神堕落基础上的扩张进行了谴责："有着巨大停车场的波将金村购物广场，乐高积木般的酒店建筑群……奥威尔式的办公'公园'，建筑的反光玻璃就像看守劳改犯的狱警戴的太阳镜一样……这种具有破坏性的、浪费的、有毒的、引发广场恐惧症的景象被政客们自豪地称为'增长'。"孔斯特勒在演讲时，经常用高速公路上高耸的广告牌照片作为开场。这些广告牌上，满是塔可钟、埃克森美孚和赛百味的标志，似乎在向观众发问："这是一个值得奋斗的地方吗？"

简·雅各布斯写道，本地社区是从偶然的相遇中成长起来的："人们到酒吧喝啤酒，听取杂货店老板的建议，向报摊老板提建议，在面包房与其他顾客交流，向在门廊上喝汽水的两个男孩点头致意。"当酒吧、杂货店、报摊、面包房和门廊不再发挥这个作用，而是被那些对任何社区都没有特殊感情的远方的企业创造的商业形式所取代时，以地点为基础的社区就会枯萎。这是一个恶性循环：对特定地方的承诺被放弃；这些地方本身就变得不那么容易让人产生依恋了；对这些地方做出承诺也变得更加困难。

社会是由公众和为他们服务的机构之间的信任网络维系在一起的。但是，在开放选择文化扎根的地方，腐败泛滥，信任网络分崩离析。大多数美国人已经开始将我们的国家机构视为服务于少数人的封闭卡特尔，而不是赋予多数人权力的开放平台。美国人对我们的制度的信心越少，这些制度就越封闭，美国人就越感觉自己被它们隔绝在外。这不仅让我们不得不独自面对现代生活的各种影响，也让我们更容易受到煽动者的影响。这些煽动者非但不会努力让这些机构重新向我们开放，反而会进一步让我们走向分裂和疏远。

法律学者杰迪戴亚·珀迪（Jedediah Purdy）写道，我们可以从生态学（即对在动态生态系统中有机体如何相互作用的研究）的角度思考我们的制度。就像湿地生态系统中的苍鹭、蜻蜓、柏树、蘑菇和水獭一样，公共生态系统中的学校、立法机构、报纸、银行和信仰团队也是一个有机的整体。

如果我们不去保护这个共同的生态系统，珀迪警告说，你就会收获我们今天在美国公共生活中看到的"生态崩溃"。每个机构都在遭到腐蚀和削弱，同时它们也在腐蚀和削弱其他机构。重要的职能部门也开始崩溃。人们很难再聚到一起，很难再接收到有用的信息或表达不满。那些最能利用腐败现象的人，那些能够从公众对一个机构残存的信任和这一机构给予公众的回报之间的差距中获利的人，将权力掌握在了自己手中。最终的结果是生态系统变得不再适合生存：人们最终会将公共生活和共有社会全部放弃。

最糟糕的是，开放选择文化夺走了我们唯一能使事情变得更好的工具——为实现变革长期而稳定地组织起来的能力。前面我们提到过无限浏览模式能带来三种快乐：灵活性、真实感和新鲜感。它们与我们的政治承诺极为相关。当我们把灵活性作为第一需要时，我们就会避免陷入长期的政治事业，而是希望能从一项事业轻松转移至另一项事业。当我们把个体的真实感作为第一需要时，我们会害怕与复杂、混乱、微妙的事业产生关联，因为它们会威胁到我们对个体身份的控制。当我们把新鲜感作为第一需要时，我们渴望在政治生活中获得更多的情感冲击，更多的胜利和更多的戏剧性。因此，围绕着一项事业长期攻坚带来的乏味感，会让我们感到厌烦。

从更大范围上讲，整个地球都将被放弃。如果我们没有学会向地球上的一隅做出承诺，在行动的影响直接可见的情况下尚且如此，我们如何可能对整个地球做出承诺呢？毕竟，解决气候危机或者停止对自然资源的破坏，需要我们对比我们自己更宏大的事业的承诺来限制我们个人的选择。开放选择的文化与这种牺牲精神存在冲突。

身份危机

在很多方面，开放选择文化就像是一股把一切都冲走了的洪流。我们的承诺形成了我们的身份。一旦承诺消失，我们不仅失去了承诺本身，我们还失去了自我意识。对许多人来说，这种感觉就像是一棵树被连根拔起了。我们失去的是我们为我们的邻居、我们的同志，或我们的祖先而活，从而身处在一个宏大叙事中的感觉。剩下的仅仅是健康和安全感：活下去，去体验，享受过程。

然而，正如西蒙娜·韦伊所写，我们仍然"需要根"。当我们扎根于比自身更宏大的事业时，我们会感到自己是"有用的，甚至是不可或缺的"。作为我们"真实、积极和自然地参与社区生活"的回报，我们获得了精神寄托。我们享受着"先人累积的精神财富"，因为根能够"让死者与生者对话"。通过加入一项"得到公众认可"的"高贵传统"，我们的骄傲和信心得到了支撑。独自一人时，我们可能会感到渺小和脆弱，但当我们是根深蒂固的传统的一部分时，我们就不会有这样的感觉。

今天，许多人都深深感受到对根的需要。我们知道，如果没有根，与过去和未来的联系就被切断了。我们知道，如果没有根，我们会感到更加孤独、迷茫和犹疑。我们知道正如韦伊所警告的那样，"一棵树的根被虫子吃空了，一阵风就能把它吹倒"。所以我们开始慌不择路，希望快速而轻松地获得扎根的感觉。

其中一种方式是怀旧。如果我们不能培养新的文化和实践，也不能维护继承而来的文化和实践，我们会紧紧抓住对文化尚充满生机的旧时代的回忆。有时候，怀旧是愚蠢而无伤大雅的，比如由 20 世纪 90 年代电视节目衍生的网络表情包、法兰克·辛纳屈（Francis Sinatra）生平音乐会套装等。但其他形式的怀旧可能会产生更大的影响：政客们在竞选中宣布自己将会复兴某种理想化的政治形态；社区领导人认为自己的角色不是管理一种有生命力的文化，而是要确保社区文化永远不变。

但怀旧是不可持续的。卷轴每打开一次，画面就会暗淡一分，魔力也会减弱一分。我们之所以怀旧，首先是因为有人在某个时刻创造了一些原创的事物或我们经历过有生命力的事物。如果你停止创造和体验新事物，最终会没有岁月可供回顾。你只能长久地在过去的烟尘中流连，直到对那些陈年旧事再也没有感觉。新的火花需要创造力。

更糟糕的是，怀旧常常被用来掩盖人们对当下缺乏承诺的现实。这就是失败的政客为什么总是想唤起人们对所谓"黄金时代"的怀旧之情，因为这是一种将人们的注意力从"不够黄金"

的当下引开的好办法。过度怀旧似乎总是伴随着对当下的忽视，而反过来，那些身处承诺之中的人往往很少沉溺于怀旧。

对当下的承诺所蘖生出的根脉，不仅将我们与过去联系在一起，也将我们与现在和未来连接在一起。当然，我们可以继承我们希望能传承到未来的珍宝。但是，管理它们需要用新的方式应对新的情况，并在承诺中加入我们自己全新的经验和理念。当下的承诺就像在照料一堆熊熊燃烧的篝火；怀旧则像围坐在即将熄灭的余烬旁——虽然温暖，但并不持久。

现代社会的身份危机中衍生出的最危险的趋势是紧抓着洪水过后的一点点子余，与它发展出过于紧密的关系。它不再是你的一部分，而是成为一种偶像——你需要用夸张的方式表达你对它的热爱。

过度的民族主义就是一个典型。这种民族主义者不以任何现实的方式为自己的国家而战，他从不参与国家的公民生活，只是身披国旗，让每个人都知道他是这个国家的一员。在不那么严肃的层面上，则会形成过于狂热的粉丝。这样的人会努力寻求与名人交流的机会。这种联系让他们十分感动，他们会让这种与名人的邂逅成为自己身份中重要的组成部分。卡斯帕·特·库伊勒认为这就是名人丑闻会引起人们盛怒的原因。当我们知道我们的偶像不是我们认为的那样，会撕裂我们的身份。

寻找一点身份的碎片，然后把它吹起来，以此获得一种扎根感。这种现象在网络上孵化出了一种家庭手工业。这也是推特社区和 Reddit 版块越来越多的原因。生存主义、蒸汽浪潮、天主教社会主义、篮球、有效利他主义、极简主义和其他通过社交媒体培养的数千种亚文化，可以帮助我们更深入地了解自己的微身份。

在我们日益缺乏意义的文化中找到的这些意义碎片，就像在北极冰原上点燃一堆小火，你想蜷起身子，永远待在它的旁边。这也是这些亚文化之间激烈斗争的原因。它们可能很小，但它们在参与者的身份认同中占据了很大的份额。

大多数亚文化往好里说是令人愉快的，往坏里说只能说没什么危害。当你把身份与现实的承诺及社群结合在一起时，你的激情通常会被引向有益健康的活动：俱乐部会议、锦标赛、庆祝活动、教育、互助会、政治宣传等。这就是正常的公民生活。大多数时候，团队领导者对保持文化的长期生存能力很感兴趣，他们会对文化中的极端主义予以监督并把团队能量重新引导到有生产力的路线上去。

但是，当对身份的盲目崇拜与对长期的社群工作不予承诺交织在一起，事情就会变得危险。一些人会试图通过极为戏剧化的方式在亚文化中取得地位。很多恐怖分子就处在这样的状态：他们觉得自己和自己的身份有联系，但又独立于任何实际的社群。正如乔治·奥威尔（George Orwell）在 1940 年对希特勒的《我的奋斗》（Mein Kampf）的书评中所说的，是对意义的许诺打动了希特勒的追随者，而不是财富、权力和舒适的生活。奥威尔写道:"社会主义,甚至资本主义……都曾告诉人们:'我会让你们过上好日子。'但希特勒告诉人们:'我给你们的是斗争、是危险、是死亡。'结果,整个国家拜倒在了他的脚下。"在一个越来越没有意义的世界里,如果通过承诺获得意义的道路艰难而漫长,通过天启则是一条快速而轻松的道路。当通往第一条道路的匝道数量稀少时,你将看到更多的人会选择后者。这样的结果对所有人都没有好处。

这就是洪流过后的生活,我们创造意义的道路被流动的现代性冲垮了。有些人假装洪水从来没有发生过,对过去的时光念念不忘。有些人怀抱着故居残存的碎片,不愿放手。意义的希望之岛在视野里蓦然出现,然后又以更快的速度消失。在由互相冲突的象征、意义、神话和传统混合而成的大杂烩中,我们目瞪口呆,一片茫然。我们站在原地,没有人知道该做什么,该往哪儿走。在我们思考该做些什么的时候,严重的危机正在恶化,定时炸弹的秒表正在滴答作响。我们做出承诺并坚守承诺的能力不仅仅是个人问题,它对每个人都有巨大的影响。毁灭和冷漠、抛弃和腐败、困惑和孤独,这些都是开放选择文化结出的恶果。

出　路

但如果你决定从这种社会主导文化中逃离,你并不会是孤身一人。在奉献自己的过程中,你不仅仅是在拒绝一种开放选择的文化，你加入的是一个充满活力的反主流的承诺文化。

加入这一反主流文化，就相当于进入一个由英雄、美德和意义组成的新星系。他们中的每一个都在颠覆开放选择文化的价值观和结果。反主流的承诺文化支持一种不同类型的经济状态。它珍视特别的事物。如果你爱上了某一个街角、州立公园、廉价酒吧、邮局、俱乐部或一小块溪流蜿蜒的土地，你会得到回报。反主流文化的成员在经营企业时，会关心特定的客户、特定的工人和特定的社区。当他们与自己的社区意见相左时，他们会选择发声而不是直接离开。如果你问他们创办企业是不是为了赚钱，他们大部分会付之一笑。

这一反主流文化还支持一种不同类型的道德。成员们拒绝无动于衷。无论走到哪里，他们都会培养和倡导荣誉文化，用庆祝肯定成绩，用预言谴责错误。他们给成为榜样的人晋升，也理解英雄主义既是一种成就，也是一种责任——一种把一个国家的历史和未来担在肩上的强烈愿望。

这种反主流文化还支持一种不同类型的教育。对其成员来说，教育是一个建立和加深人际关系的过程，而不仅仅是获得个人技能的手段。当他们是学生时，他们不仅要为未来工作中可能遇到的技术挑战做准备，还要为在未来职业生涯中可能面对的道德挑战做准备。他们的目标不仅包括掌握所学领域的知识，还包括成为这个领域的一部分。就像诗人玛姬·皮尔西（Marge Piercy）的诗中所言，他们知道"值得做好的事情有着令人满意的、干净的、明显的特征。就像一只水罐呼唤着水,一个人想去工作"。

一种重视心爱之物的经济、一种重视荣誉的道德、一种重视依恋的教育,这些是反主流的承诺文化希望去培育的。但这并不意味着每个长期英雄都源自同样的社会传统。这些长期英雄,并不像奥登笔下的阿卡狄亚人和乌托邦人那样,总想把我们带回或空投到某个理想化的时代或地点。在本书中,我也不想推销某种特定的宗教、信条或事业。反主流的承诺文化中的承诺各不相同,有时它们甚至是相悖的。长期英雄们也可能会有不同宗教、信条或事业向你推销。他们可能都认为自己的手艺是最高超的、他们的事业是正义的、他们的神才是真的。他们不一定认为自己是反主流的承诺文化的一分子,而是有自己的归属。他们看到的是自身所处的文化,如伊斯兰教、基督教、乔治亚州、芝加哥、社会主义、橄榄球、乡村音乐或海洋学。将某人称为"承诺者"是可笑的。当我试图和长期英雄们谈论"承诺"这一抽象概念时,他们只想谈论自己"承诺"的具体内容。他们忙于履行自己的承诺,没有时间体会其中的深意。

但在最基本的层面上,在这里要提出这样一个问题:我们希望社会拥有什么样的基本结构?我们是否希望拥有流动的现代性的结构,个体像原子一样自由漂浮、互无联系?我们想让一些反动的或邪恶的教派强迫所有的原子结成一条顽固的战线吗?或者还是想要激励这个世界培养和强化有机的联系,成为一个由更多坚定的人组成的更加坚定的社会？在开放选择文化和反主流的承诺文化之间的冲突中，这些都是基本的关切点。

解决冲突

一心一意的承诺解决了无限浏览模式的快乐与痛苦之间的冲突。我们需要灵活性，但不是选择无能，承诺也能帮助解决这个问题。当我们做出了承诺，我们做出的是一个艰难的选择。但前面这样做了，之后的选择就会变得容易得多。这种承诺帮助我们找到了自己的地图，在原则、目标或经验法则的指引下，我们可以从容面对未来的岔路口。如果你承诺自己每个月的第一个星期三去一次读书俱乐部，那么在每个月的第一个星期三做什么就很容易决定。如果你在一个新城市和你的邻居们相处得很友好，那么决定明年是否还住在这个城市就会更容易。如果你认真对待你的就职宣誓，决定是否接受贿赂就会容易得多。

做出承诺能让人放松下来，因为在日常生活中你不再需要用到很多意志力。当我们没有指引的时候，每天的生活没有常规，遇到岔路也没有地图，我们需要不断做出决定：要什么？做什么？我们要成为什么？承诺帮我们节省了精力，用于更重要的决定。当我们做出了承诺，我们就不再那么担忧别人会如何评判我们的每个行为，我们只需要表明我们的行动都缘于我们的承诺即可。你在聚会上不喝酒是因为你戒酒了，你下班要提早回家是因为你要去学校接你侄子，你不会越过纠察线是因为你支持工会。

我们也想从虚假中解脱出来，但又不想迷失在混乱中。在这里，承诺会再次提供帮助。因为选择对某件事进行承诺的行动会让你的承诺更加真实。德语中"真实"（Eigentlichkeit）这个词，大致可以翻译为"拥有"或"是一个人自己的"。要想感觉承诺是真实的，你应该一直能感觉到它是属于你的。在承诺的过程中，你可能会被要求做一些你一时不想做的事。但如果你的承诺还活着，如果你仍然能感受到与最初让你做出这一承诺的火花之间的联系，那么这些义务仍然是真实的。

你今晚不想去参加聚会，但尽管如此，你还是去了，因为你感觉到自己与这项事业有联系；你今天不想去帮助朋友解决问题，但你还是去了，因为你爱他们；你不想遵循社区约定的程序，但你还是这样做了，因为你觉得帮助大家团结在一起很重要——这是真正在发挥作用的承诺。有些时候，火光会变暗，有机的关系也会枯萎，但只要你还能感觉到承诺是你的，这种关系就不会消失。

这并不是说承诺要求我们不断地为了承诺的需要压制欲望。大多数长期英雄并不认为牺牲和自我否定是生活的主旋律。这是为什么呢？因为承诺会改变我们的欲望。它们构筑起我们的世界，给了我们尊重的权威，让我们看到了自己的神话，帮我们组建可以发声的社群。你会爱上集会、乐于去处理朋友的问题、自愿遵循社区的程序，因为你的身份和这些事是紧紧捆绑在一起的。通过坚定地担起这些责任，这些责任变成我们自己的责任。在将它们变成我们自己的责任的过程中，在让承诺变得真实的过程中，我们已经不再把这些责任当成负担。

我们也想要新鲜感，但不想要随之而来的肤浅。在这方面，承诺也有帮助，因为它们能让新鲜感更具深度。深度提供了一种更甜美的新鲜感——那种在一段相对漫长的旅程中才能发现的新鲜感。有什么事能比最终完成一次马拉松、学会烤一个完美的羊角面包或理解了一个密友的心事带来的新鲜感更大呢？

承诺带来的深度为我们打开了世界的大门，给我们带来了新的机遇。这是我们没有做出承诺时永远不可能体会到的。当你成为某个领域的专家、工艺大师或在某个组织中深受信任，你就相当于进入了更多有趣的房间。老朋友会带你去冒险，抚养孩子和伴侣关系能带来更大的新鲜感。深度是新鲜感的终极版本。

反主流的承诺文化是应对我们这个时代共同挑战的最有力手段。解决这些挑战的最大障碍是缺少一心一意去解决这些挑战的人。我们有太多奋起一击的屠龙者，但没有准备花上10年、20年、30年复兴一个地方、一个机构、一个社区、一门手艺或一项事业的长期英雄。愿意为了一项事业去死，同时愿意为了它而活的人，还不够多。

反主流的承诺文化培养了更多这样的人。他们共同通过各自的承诺对我们共有的世界做出承诺。如今的公共生活混乱、复杂，充满了不确定性。但是，通过长期英雄们缓慢而坚定的努力，让他们所在的角落呈现出了良好的状态。他们直面现代的混乱，投身其中而不是选择逃避，直到自己能从无意义中找到意义。然后他们更进一步：把理解转化为行动，把想法变成项目。洞悉当下的一个片段，然后把它打造成未来的一部分，似乎是不可思议的。但是有了基于承诺的持续努力，它就成为可能。那些一心一意的人一直在这样做。

用托马斯·卡莱尔（Thomas Carlyle）的话说，民主需要"整个世界都是英雄"。对民主最好的评论之一是：这个世界太大了，不是一小群领导人可以应对的。面对不确定性和复杂性，一个国家可以着手进行数以百万计的分布式实验。当很多人拥有足够的决心和能力应对不同层次的不同挑战时，你就不再需要一个管理世界的蓝图。人民本身就变成一个能够对我们面对的不同需求和挑战做出反应的强健有机体。但要达到这样的状态，我们每个人都必须发挥自己的作用，做出自己的承诺。

对一些人来说，想到公共生活这一重要领域的关键在于人民做出和履行承诺，可能会感到失望。但是，这是一件关于一心一意的问题：宣布自己将长时间专注于某件事，你的想象力将会得到解放。如果我们只是专注于那些可以很快完成的项目，我们将认为有可能的事是有限的。但如果我们愿意慢慢来，我们可以拥抱更宏伟的愿景，因为我们知道自己有时间、有耐心将它们变成现实。那些历史上最具变革性的人物也是最为一心一意的人，这并不是一种巧合。

重新造林

在前文中,我讲了一个关于洪水的故事。不同地方的自然社区是在漫长的岁月中自然发展起来的。近年来,它们中的许多社区被连根拔起,剪掉了根脉。这就是鲍曼所说的"坚实的现代性"。近几十年来,我们看到古老的有机社区接连被连根拔起,被现代结构取而代之。但是,现代结构始终在遭到解构、破坏和腐化,这让许多人都感到失落。我们被切断了与充满了神话、传统和仪式的旧社区的联系,也没有建立起与本该成为旧社区可靠替代品的新结构的联系。我们只能紧紧抓住微小的意义,以一种夸张的方式加以崇拜;或者放弃寻找任何意义,满足于在流动的现代性中漂流。

在洪水过境之后,反主流的承诺文化选择重新耕种。他们种下和呵护新的关系。慢慢地,随着时间的推移,一个承诺接一个承诺,一颗种子接一颗种子,它们重新在土地上扎下根来。"反主流的承诺文化"是一个重新造林项目。

在 1953 年发表的短篇小说《种树的人》(*The Man Who Planted Trees*)中,让·吉奥诺(Jean Giono)描绘了一个法国小村庄。那里的空气干燥,寒风刺骨,草木稀疏,邻居们互相憎恶。一天,一个名叫艾尔泽·布菲耶(Elzéard Bouffier)的人再也无法忍受了,于是他拿着一根铁棒,来到了荒地上。他在地上戳了一排洞,在每个洞里播下了一颗橡果。之后的三年,他每天都重复着这项工作，最终种下了10万颗橡果，其中两万颗长出了小苗。布菲耶每天照料它们，"下定决心要把这项简单的任务做好"。

最后，有一万棵橡树长成了比人还高的大树。突然间，"万物似乎以一种连锁反应的方式出现了"。水开始在曾经干涸的小溪里流动。风把种子吹向四方，树木开始出现在不可思议的地方。吉奥诺写道："柳树、灯芯草、草地、花园、花朵和有意义的生活重新出现了。"附近的村庄里和道路上，很快就挤满了"热情的男人和女人、男孩和女孩，大家都笑嘻嘻的，在田野里野餐"。由于这种转变是循序渐进的，以至于从来没有人感到过惊讶。回望时，才会发现这一切有多么了不起。而这都是因为"一个人，仅仅凭借自己的体力和德行，就让这块迦南之地从荒凉中迸发了生机"。

神父约瑟夫·蒂什纳（Józef Tischner）是波兰团结运动中的第一位专职教士。关于变化是如何发生的，他讲述了一个类似的故事。他把责任感的传播比作种树。他写道："有人种下了一棵树。一棵、两棵、三棵……然后，这些树组成了一片森林。"一旦森林出现，它就无法被忽视，因为它就像"我们脚下的土地"一样。蒂什纳认为，改变并不总是意味着一场宏大的战役。通常情况下，森林是慢慢长成的，但当权者无法忽视"森林存在的现实"。蒂什纳认为，森林是通过"生长并成为更大的森林"与敌人战斗的，正如"团结起来的良知通过更具良知和更加团结对抗它的对手"。

把森林维系在一起的是什么呢？在蒂什纳看来，是忠诚——每个人对彼此关系的承诺。当一个运动的成员说他们对未来充满希望时，他们实际上是在说他们相信运动中的其他人会像他们一样坚守承诺。蒂什纳写道："我的希望之源，它的力量和光，是承载着我的希望的人。"对一个人说"我相信你"，等于说"我把希望寄托在你身上"。

反主流的承诺文化是由那些耕耘、播种、护林的人组成的。他们这样做，就是在播种希望。他们的承诺不仅仅改造了社会，也改造了作为承诺者的自己。通过自己的努力，这些播种者展示了一条走出身份危机的道路。

有人说，我们已经被永远连根拔起，当我们与祖先的联系被洪水冲走时，我们就已经无处扎根。但这些悲观主义者没有认识到的是，我们的根不只存在于过去。我们的根脉不仅连接着我们的祖先，也连接着我们的后代。我们的根可以伸向未来。当我们做出承诺时，我们距离未来更近了，我们距离我们的承诺所服务的后代也更近了。我们的奋斗成果将让我们的子孙后代受益，我们通过将自己奉献给未来召唤他们。当过去已经被洪水带走，我们不能再为了它而活，我们可以为了未来而活，并借此扎根于未来。

之前我提到过，"dedicated"有两个意思：让某些东西神圣化和坚持做一件事。在我们做出承诺的非凡时刻，我们正在做一件神圣的事。在我们坚守承诺的无数个非凡时刻，我们也是在做一件神圣的事。

在我认识的最一心一意的人身上，我发现他们都拥有着"无尽的快乐"，这是对神圣的追求带来的副产品。你可以从一心一意的老年人的眼睛里看到那种喜悦，因为他们深深地体验到了诗人杰克·吉尔伯特所说的"美，是日常的卓越，是时间累积的成就"。

第十四章　让生命的空地花团锦簇

"太好了！我能帮忙吗？"

1985 年，物理治疗师凯伦·华盛顿（Karen Washington）从哈莱姆搬到了布朗克斯。作为拥有两个孩子的单身母亲，她从未拥有过一个属于自己的家。她的新砖房让她觉得自己终于部分实现了自己的美国梦。

美中不足，在凯伦的新家对面有一片堆满了垃圾的空地。她和她的邻居们曾得到过保证，这块地很快会被用于建造新房子。但几个月过去了，几年过去了，施工队从未出现过。凯伦回忆说："我的美国梦变成了美国噩梦。"每天盯着厨房窗外那一堆垃圾，她有时候都不知道自己为什么要搬到布朗克斯。当她回忆起当时的情景，她感觉自己"充满了绝望和愤怒"。

但是 1988 年的一天，凯伦向窗外望去，看到街对面与往常有些不同。她的邻居何塞·卢戈（Jose Lugo）拿着铁锹站在空地上。她回忆道："我的眼睛就像夜晚的圣诞树一样亮了起来。"她穿过马路，问何塞发生了什么事。他告诉她，他正在考虑清理垃圾，建一个社区花园。"太好了！"凯伦惊喜地大喊，"我能帮忙吗？"

凯伦和何塞开始在社区里召集人手加入他们。日复一日，他们终于将垃圾清理干净，并种上了花木。凯伦一开始对园艺一窍不通，她只知道必须把种子种在地里然后浇水，她也是这么做的。她和她的邻居们很快就用玉米、南瓜、羽衣甘蓝、甜瓜、四季豆和冬青树填满了这块空地，还养了一些母鸡。居民们的努力如此成功，不到一年该社区就向政府申请宣布这块空地为正式的社区花园。他们还在空地前竖起了一块牌子，上面写着"幸福花园"。

凯伦在花园里花的时间越来越多，也越来越了解她的邻居们。由此，她开始了解到其他公共问题对他们的影响。她回忆道："我听到了，也切身感受到了身边发生的社会问题。""我在花园干活儿的时候，听到人们说：'我们没有暖气，我们没有热水''我们负担不起住房费用'或'我的孩子要去上学了，他们一个班居然有40个孩子'。"

由此，凯伦参与到了幸福花园之外的事业中。她和其他社区园丁一起成立了绿色之家（La Familia Verde），一个在城市中大规模开展倡议、教育和创造工作的联盟。她成为食物公平和减轻饥饿组织委员会的委员。她与其他人共同创立了"黑人城市种植者"组织，以提高黑人农民和种植者在粮食公平运动中的声音。

在这个过程中，凯伦的种植技术日益精湛。她从何塞和其他社区园丁身上学到了很多技巧和诀窍。她开始在纽约北部的一个农场当学徒。她甚至去加州和比她年轻几十岁的人一起学习有机农业课程。这位布朗克斯的理疗师曾经除了把种子种在地里和浇水之外什么都不知道，但现在她是一家名叫"培根农场"的有机农场的合伙人。她也很出名，被全国各地的人称为城市种植女王。现在幸福花园怎么样了呢？在凯伦决定走向何塞并问出"太好了！我能帮忙吗？"的 30 年后，它仍然郁郁葱葱，给景观大道的居民们带来欢乐和归属感，其中一些年轻居民在凯伦刚刚开始开垦空地时还没出生。

园　艺

安妮·拉莫特（Anne Lamott）称花园是"人类两个最伟大的隐喻之一"。（"另一个当然是河流。"）用园艺来比喻承诺，十分恰当。当我们建设一个花园时，我们需要做很多不会立刻带来满足感的工作。在做这些工作时，我们总是怀着美景会（也可能不会）在未来某个时刻出现的希望。园艺工作不是快速而机械的，而是缓慢而有机的。一个花园，初建时是脆弱的，但它可以发展成一个强健的生态系统。照料花园就像是在建立一种人际关系——你对你种的东西有一定的影响力，但是植物们也有自己的节律。"你不可能抓着一株番茄秧，命令它立刻结出果子来。"作家马克·T. 米切尔说。你也不可能随便乱种，因为每种植物都有自己的特性。米切尔直言不讳地说："比如，你不可能在怀俄明州种香蕉。"

就像承诺一样，园艺需要一定程度的坚持。你必须不断地照料植物，不能三天打鱼两天晒网。如果你想休息一下，想确保你的植物不会枯萎，唯一的方法就是建立一个群体——邀请其他人加入建设花园的工作。

作家詹纳·马拉默·史密斯（Janna Malamud Smith）认为，"最能够享受美好生活"的人是那些拥有一个花园的人，或者是那些"拥有一座道德花园的人"。一个人如果"坚持投入一项能满足你的欲望、需要你的关注、需要你付出努力的活动，生活将会更美好；这项活动就像是一块土地，能够同时满足劳作和创造的愿望"。这是一种"有产出的、坚定不移的生活方式……而你的回报就是你自己创造的令你心满意足的奖赏会应季而来"。

这种"令人心满意足的奖赏"是园艺和一心一意之间的终极关联：两者都是巨大快乐的来源。凯伦·华盛顿告诉我，她每天都感谢上帝让她的生活如此美好。她坚持认为，园艺，无论是本来意思还是比喻，都需要时间。在困难时期，你必须放眼全局，坚定信心。"我知道，有些事不管怎样都会在那块土地上发生，"她说，"我从心底里知道，在我的余生，我绝不会再让那块地空着。"

凯伦告诉我:"我每天起床后都会对人们说早上好。我看着这些树,对它们心存感激,我感谢天空,我也感谢生活!"每当她身处拥挤的电梯,每个人都看着地板不说话时,她总会想说些什么让这些人拥有不一样的一天。"对我来说,每一天都是感恩节,每一天都是圣诞节。不要等待特别的节日为生活庆祝,而是每一天都要去庆祝。"幸福花园不仅仅坐落在景观大道上,它坐落在凯伦身处的每一个地方。

生命中的空地

我们很多人都曾陷入和凯伦相似的境地。我们在生活中发现,大门外有各种各样的空地。好像没人对它们负责,我们也找不到能改变其状况的力天使。并且,空地闲置的时间越长,情况就越糟。

当面对生命中的空地时,有些人选择视而不见。借口像垃圾一样,堆积如山:"我在这方面没有经验。""肯定有人负责这件事。""我只关心我的房子里发生了什么,街对面跟我没关系。"对一些人来说,这种被动性变成没完没了的讨论——不停地说应该有人对这些空地负责,做点什么。有些人会选择搬家,离开这里去寻找一个干净的好地方,让留下的人去面对垃圾堆。

要么接受,要么放弃:这似乎是当时大多数人的选择。但是凯伦·华盛顿和一些像她一样的人活出了第三个选择：致力于将生活中的空地变得不一样这件事上。他们建立人际关系并维持这些关系，直到生命力出现。他们用一句真诚的"太好了！我能帮忙吗？"回应了对承诺的邀请，并加入之后的长期奋斗中。他们不接受也不放弃，而是选择去做出改变。

当我们做出承诺的时候，我们做的不是一件微不足道的事。我们的贡献不是一个融入大海、消失不见的水滴。它是黑暗中的一点星火，最终将形成燎原之势；它是一条山间细流，最终会开辟出一道峡谷；它是混凝土裂缝里的一颗种子，最终将长成参天大树。这就是生命！生命是有创造力的，它在成长、传播、繁殖，最重要的是在支撑着其他生命。

这就是多萝西·戴所说的要与徒劳感对抗的含义：坦然接受"一次只拿一块砖""一次只前进一小步"，乞求"我们心中增加的爱将会激活和改变这些行动"。这就是为什么威廉·L.沃特金森牧师（William L. Watkinson）布道时说"点燃蜡烛胜过诅咒黑暗"。这就是温德尔·贝里认为"在月暗之时，在飞雪之中，在隆冬之时，战争蔓延，家人逝去，世界处于危险中"，最应该做的是"走上乱石嶙峋的山坡，播种三叶草"。一株小小的生命在一个死气沉沉的世界里并不是可有可无的，它是一切。如果我们的承诺使几块曾经闲置的土地重新焕发生机并与周围黯淡的世界形成了鲜明对比，那么这些小小的替代方案已经胜利了——它们让现在的人们看到了充满活力的未来。

世界各地都有人做出了和凯伦一样的选择——响应邀请，奉献自己，把一片空地变成郁郁葱葱的花园。一个地方接一个地方，一项事业接一项事业，一门手艺接一门手艺，一个人接一个人，他们正在让世界再次充满活力。

现在轮到我们来回应这个邀请了。

我们还在等什么？把铁锹拿起来吧。

参考人物及作品

在我逐渐理解无限浏览模式、反主流的承诺文化和一心一意的意义的过程中，得到了无数专心致志的思想家的帮助。如果您有兴趣进一步研究这个主题，下面是一些让我受益颇多的作品。

对本书影响最大的是波兰社会学家齐格蒙特·鲍曼的巨著《流动的现代性》。鲍曼的作品通过很多深刻而简单的比喻，对现代社会中的一些复杂概念进行了说明。

在描述陷入无限浏览模式中的直接心理体验方面，最好的作品是巴里·施瓦茨的《选择的悖论》。这本书解释了为什么会存在一个临界点，在这之前拥有更多选择会让我们更快乐，在这之后选择就会开始支配我们。施瓦茨有一种天赋，能阐明我们个人心理与更广泛的社会结构相互作用的机理。

埃米尔·涂尔干和威廉·詹姆斯都是 19 世纪晚期的伟大思想家。他们的作品有助于解释为什么缺乏对目标的承诺和离群索居会让人精神萎靡。詹姆斯和约翰·杜威等实用主义者，给了我极大的启发:有时候,在我们尚未确定这样做是否正确之前,我们就要勇敢地做出承诺。

在书中许多论证的背景中都有同一个关于思想和文化历史的故事:意义的星座如何被打破,并在结构主义的绞肉机中被反复重新排列,迫使个人不得不作为个人神话体系中的保佑者,在混乱中独自航行。罗马诺·瓜尔蒂尼(Romano Guardini)、查尔斯·泰勒和阿拉斯代尔·麦金泰尔关于现代世俗主义和个人主义意义的作品对我理解这段历史很有帮助,比如丹尼尔·T. 罗杰斯(Daniel T. Rodgers)的《断裂的时代》(*Age of Fracture*)和丹尼尔·贝尔的《资本主义文化矛盾》(*The Cultural Contradictions of Capitalism*)。

许多美国最伟大的长期英雄都参加过黑人解放运动。了解这段历史,大卫·W. 布莱特(David W. Blight)的《弗雷德里克·道格拉斯:历史的预言者》(*Frederick Douglass: Prophet of Freedom*)、美国印象栏目(American Experience)的《废奴主义者》(*The Abolitionists*)、阿丽莎·巴蒂斯托尼(Alyssa Battistoni)的散文《基础研究》(*Spadework*)、种族正义斗士艾达·B. 威尔斯的作品以及马丁·路德·金的作品(特别是马丁·路德·金关于蒙哥马利巴士抵制运动的回忆录《迈向自由》)对我特别有帮助。

我对热爱一个地方的情感、建立社区和团结一致的理解,要归功于肯塔基州农民先知温德尔·贝里的文章、哲学家理查德·罗蒂的《筑就我们的国家》(*Achieving Our Country*)、在线社区团结大厅，以及纽约作家比尔·考夫曼的地方主义宣言《美国，回望故乡》(*Look Homeward, America*)。是考夫曼的作品让我第一次认识了天主教工人运动的创始人多萝西·戴。在为身边人做贡献方面，她可能是美国最伟大的作家和实践者。（值得注意的是，戴为地方事务做贡献的同时，她也在为国家和国际事业奔走。）马克·T. 米切尔关于管理工作的文章和杰弗里·比尔布罗关于"集会"(convocation) 的文章也给了我很多灵感。他们两人还帮助管理着一本关于地方主义和地方管理的反主流文化杂志《前廊共和国》(*Front Porch Republic*)。

你可能已经注意到，耶稣会的精神几乎贯穿了全书。三位耶稣会的神父，詹姆斯·F. 基南神父、詹姆斯·马丁（James Martin）神父、布莱恩·麦克德蒙特神父，对我理解这个主题有很大帮助。基南神父的《道德智慧：来自天主教传统和著作的教训和文本》(*Moral Wisdom: Lessons and Texts from the Catholic Tradition*)、《慈善事业：天主教的核心》(*The Works of Mercy: The Heart of Catholicism*) 和马丁神父的《耶稣会指南》[*The Jesuit Guide to (Almost) Everything*]，都是很棒的著作。

说到教士，本书中真实性的部分受到天主教神秘主义者托马斯·默顿修士 1962 年出版的《沉思的新种子》(*New Seeds of Contemplation*) 一书的影响。该书的主题是"虚假自我"。庆典中"每个人都在制造欢乐"的表达方式来自默顿，出自他的文章《街道上的庆典》（*The Street is for Celebration*）。我将重新发现承诺的想法比喻为重新造林，这个想法受到了约瑟夫·蒂什纳神父的《团结的精神》（*The Spirit of Solidarity*）的启发。

我对组织工作（竞选组织、社区组织，特别是劳工组织）的两项观察所得，也是这本书的灵感来源。第一项心得是组织工作的核心是鼓励人们做出并长期遵守的承诺。其中，既有对彼此的承诺，也有对事业的承诺。第二项心得是只有长期坚持的组织工作才能带来持久的政治变革。在历史上，事业的成功极少缘自一个妙计或一个有奇效的举措。两位思想家帮助我更好地理解了这些观察结果，他们是工会组织者和学者简·麦卡莱维（Jane McAlevey）和宾夕法尼亚州的社区组织者乔纳森·斯穆克。麦卡莱维的《没有捷径：新镀金时代的权力组织》（*No Shortcuts: Organizing for Power in the New Gilded Age*）和斯穆克的《霸权的取得：激进分子的路线图》（*Hegemony How-To: A Roadmap for Radicals*）都是很好的起点。

我对金钱的看法受到以下几部著作的影响：迈克尔·桑德尔的《金钱不能买什么》（*What Money Can't Buy*）和迈克尔·沃尔泽的《正义诸领域》（*Spheres of Justice*）。刘易斯·海德的《礼物》和马丁·布伯的《我与你》极大地影响了我对市场交换如何妨碍了人们对特定人群和社区的奉献的理解。批评家保罗·古德曼（Paul Goodman）和克里斯托弗·拉什，以及作家约翰·梅德勒（John Médaille）让我对超大规模的现代官僚机构对文化的影响有了深刻的理解。从政治学家西达·斯考切波的《衰落的民主》（Diminished Democracy）中，我了解了美国公民生活中"成员 VS 管理"这一有用的观点。杰迪戴亚·珀迪的《普通事物》（Common Things）让我理解了各种制度就像一个生态系统一样结合在一起，而制度体系衰退和生态系统衰退具有同样的效果。

克里斯·赫杰斯（Chris Hedges）的《自由阶级之死》（Death of the Liberal Class）很好地解释了"中立"制度存在的问题；克里斯·海耶斯（Chris Hayes）的《精英的黄昏》（Twilight of the Elites）则指出了现代精英制度存在的问题。扎克·韦尔温（Zach Wehrwein）让我完成了关系社会学入门。埃莉诺·达克沃斯（Eleanor Duckworth）的《奇妙想法的产生》（The Having of Wonderful Ideas）让我理解了教育不应是被动地接受信息，而应该是对思想的积极探索。

根的重要性和我们的根在未来的思想受到了三位思想家的启发。西蒙娜·韦伊的《对根的需要》（The Need for Roots）说明了根在稳定我们的存在感方面的作用。迈克尔·林德在《下一个美国民族》（The Next American Nation）一书中，重新定义了民族的概念——从有共同祖先的群体是一个民族到有共同后代的群体是一个民族，表达了一个民族要为未来而活，而不是为过去而活的观点。哲学家罗伯托·昂格尔直接给出了一个概念："我们的根在未来"，在一个民主国家，预言能力比记忆更重要。

昂格尔、社会科学家罗伯特·帕特南和公民权利的倡导者拉尔夫·纳德是三个对我影响最大的长期英雄。昂格尔是一个激进的实用主义者。他的宣言"希望是行动的结果"以及他对"民主实验主义"的信仰启迪了我的认知：对公共项目更广泛的承诺是社会振兴的基础。帕特南关于社区建设、社会信任和公民精神重要性的史诗般的研究改变了我对国家问题的观察方式，这也是我认为承诺文化是民主的先决条件的原因。纳德几十年来始终在孜孜不倦地为公民利益奔走。他的事迹告诉我们，把抽象的理想变成具体的行动是完全有可能的（只要稍稍投入）。

最后，你可能会发现，整本书引用了不少词曲作者乔·帕格创造的歌词。（如果不是我有一位优秀的编辑，歌词的数量可能是现在的两倍。）帕格的人生经历就是一个伟大的关于承诺的故事：在大学四年级秋季学期开学前一天晚上，他从大学退学，开车去了芝加哥，找了一份木匠的工作。他参加露天演出，并开始了自己的词曲创作生涯。"我突然意识到人生苦短，我知道我想干点什么，我应该去干什么。"他后来说。在这个令人困惑的时代，在我们寻找自己目标的人生苦旅中，帕格的歌词是最好的指引之一。如果我在10年前没有听到帕格的《第101首赞美诗》，我不确定我是否能写出这本书。

致　谢

本书能够最终成书，得益于很多善良和体贴的人。

本书最初只是一篇毕业演讲。这篇演讲之所以能成为一本书，是因为凯莉·库克（Carrie Cook）看到了这篇演讲，并决定将其扩充成书，正式出版；我的经纪人理查德·派恩（Richard Pine）坚信这个时长 8 分钟的演讲中蕴藏着一本完整的书所需的内容；而我的编辑本·洛伊安（Ben Loehnen），决定为这个演讲冒一次险。在我和他们一起开始这段旅程时，他们曾开玩笑说："这是我们的长期奋斗。"我非常感谢他们在这个过程中给予我的指导和鼓励。

感谢协助我做研究的珍·沃尔顿（Jenn Walton）、负责查证事实的索尼娅·威瑟（Sonia Weiser），以及向我介绍了杰克·吉尔伯特的诗《叛逆不是勇敢》的我的大学室友罗杰·胡（Roger Hu）。感谢迈克·布隆伯格（Mike Bloomberg）、伊恩·柯尔宾（Ian Corbin）、伊莱亚斯·克里姆（Elias Crim）、扎卡里·戴维斯（Zachary Davis）、科林·琼斯（Collin Jones）、圣地亚哥·拉莫斯（Santiago Ramos）、乔治·夏拉巴、埃文·华纳（Evan Warner）和扎克·韦尔温，是他们对初稿进行了审阅并给出了专业中肯的意见，提升了本书的质量。

感谢斯巴克·亚伯拉罕（Sparky Abraham）、凯拉·阿尔特曼（Kyla Alterman）、汉娜·鲍姆加德纳（Hannah Baumgardner）、凡妮莎·A.比（Vanessa A. Bee）、迈克尔·科斯特洛（Michael Costelloe）、鲍勃·克罗（Bob Crowe）、艾米莉·坎宁安（Emily Cunningham）、马丁·德雷克（Martin Drake）、迈克·德拉斯科维奇（Mike Draskovic）、乔纳森·芬-加米诺（Jonathan Finn-Gamino）、马特·格特森（Matt Geurtsen）、马特·格雷斯科（Matt Gresko）、丹尼尔·格罗斯（Daniel Gross）、玛格丽特·加莱戈斯（Margaret Gallegos）、诺拉·格宾斯（Nora Gubbins）、米歇尔·霍尔（Michele Hall）、乔纳森·赫尔佐格（Jonathan Herzog）、玛卡布·凯莱赫（Macabe Keliher）、劳伦·凯莱赫（Lauren Kelleher）、大卫·兰迪（David Landy）、塔利亚·拉文（Talia Lavin）、鲍勃·马修斯（Bob Mathews）、凯西·帕迪拉（Kathy Padilla）、亚历山德拉·佩特里（Alexandra Petri）、克里斯·皮克拉里迪斯（Chris Pikrallidas）、艾伦·皮泰拉（Ellen Pitera）、本笃会的格雷戈里·波兰（Gregory Polan）、里基·波尔科

（Ricky Porco）、亚历克斯·拉梅克（Alex Ramek）、凯特·赖利（Cait Reilly）、布里安娜·伦尼克斯（Brianna Rennix）、约翰·理查德（John Richard）、内森·J. 罗宾逊（Nathan J. Robinson）、吉姆·罗德里克（Jim Roderick）、杰米·沙夫（Jamie Scharff）、凯伦·沙夫（Karen Scharff）、艾伦·塞尔比（Ellen Selby）、迈克尔·桑顿（Michael Thornton）、罗迪·特纳（Roddie Turner）、保罗·范考内特（Paul VanKoughnett）、内森·沃德（Nathan Ward）、佩吉·惠特洛克（Paige Whitlock）、海蒂·惠特曼（Heidi Whitman）和杰夫·威廉姆斯（Jeff Williams），是与他们的谈话激发了我的灵感，也感谢他们在本书写作过程中的持续支持。我要特别感谢艾丽·阿特克森（Allie Atkeson）、布伦南·唐尼（Brennan Downey）、宝拉·格宾斯（Paula Gubbins）、斯科特·约翰斯顿（Scott Johnston）和乔恩·斯塔夫（Jon Staff），从这个项目开始后就一直与我交流。

感谢在为写作本书做准备时接受采访、与我分享了他们承诺之旅的几十位长期英雄，他们是：

蒙特·安德森、罗杰·比曼（Roger Beaman）、佩吉·贝瑞希尔、塞缪尔·比亚吉提、肯·伯恩斯、多美子·查佩尔、欧内斯特·克洛弗、多丽丝·克伦肖、阿特·卡伦、耶稣会的玛丽·达西修女、戴夫·埃克特、利兹·芬威克（Liz Fenwick）、皮尔斯·弗里伦、加布里埃拉·格拉杰达、瑞安·格拉韦尔、艾米·琼斯、莎拉·克利夫、卡斯帕·特·库伊勒、艾琳·李、耶稣会的麦克德莫特神父、莱斯利·梅里曼、安妮特·米尔斯、马克·T.米切尔、格蕾西·奥姆斯特德、安迪·佩蒂斯、约瑟夫·菲利普斯、马克斯·波洛克、亚历克斯·普雷维特、亚历克斯·拉梅克、米奇·拉斐尔、马克·里维拉（Mark Rivera）、杰森·罗伯茨、艾米·施瓦茨曼、安迪·夏拉尔、杰森·斯莱特里、李·文塞尔、罗莉·沃洛克、凯伦·华盛顿、金伯利·沃瑟曼、苏·韦斯勒、萨姆·沃恩斯和埃文·沃尔夫森。

还有一些人的名字没有出现在终稿中，在这里一并表示感谢。他们是：福尔斯彻奇 Dar Al-Hijrah 伊斯兰中心的伊玛目纳依姆·拜格（Imam Naeem Baig）、代号粉红行动（CODEPINK）的发起人美狄亚·本杰明（Medea Benjamin）、作物营养强化项目（HarvestPlus）的创始人豪迪·布伊斯（Howdy Bouis）、决胜道（Homestretch）的总监克里斯托弗·费和弗洛雷斯夫妇（Maria 和 Ernie Flores）、面包和鱼移动餐厅的创始人艾伦·格雷厄姆（Alan Graham）、游泳运动员出身的社会工作者肯尼迪·希登（Kennedy Higdon）、公园和野牛保护者及历史学家谢尔顿·约翰逊（Shelton Johnson）、普莱因空气喷绘机公司的拉金德拉·KC（Rajendra KC）、杜伦的组织者桑德拉·科恩（Sandra Korn）、前国家盆景基金会主席菲利克斯·劳克林（Felix Laughlin）、监狱记者约翰·J.列侬（John J. Lennon）、民权活动家和教育家鲍勃·摩西（Bob Moses）、共济会历史学家马克·塔伯特（Mark Tabbert）以及阿特沃特营首席执行官亨利·托马斯三世（Henry Thomas III）。

我的姐姐丽贝卡·戴维斯（Rebecca Davis）在践行承诺方面是我的榜样。无论是拍摄有启发性的纪录片、组织工会、志愿参加互助项目、指导学生学习手艺，还是给朋友和家人提供支持，她一心一意的状态一直激励着我。没有她始终如一的指导、支持和精神引领，我不可能写出这本书。

尽管这本书的主题是反对开放选择文化，但我有幸出生在一个与主流文化不同的具有承诺文化的家庭中。我的母亲玛丽·克莱尔·古宾斯和父亲谢尔顿·戴维斯，在家中营造了把自己奉献给比自己更伟大的事业的氛围。在方济各会格言的精神"传福音；如果有必要的话，使用文字"的指引下，我的父母通过言传身教，向我的姐姐和我传达了承诺的重要性。过去10年，我一直希望能通过文字清晰说明我的父母和像他们一样的人的特别之处，这本书从很多方面讲，完美实现了我的愿望。

我的一位受访者蒙特·安德森分享了一些如何在长期奋斗的过程中保持稳定的明智建议："当你遇到挫折时，要心存感激；当你一帆风顺时，要保持谦逊。"很幸运，我有一位叫拉克·特纳（Lark Turner）的伙伴，她让我每天都能体会到感恩和谦逊的魅力。她是世界上最敏锐、最聪明、最有智慧的编辑。在过去的一年里，她熬了几十个深夜回应我的想法，修改了无数的段落，帮助这本书最终得以定稿。没有她，本书不可能完成，也不可能出版。在创作本书的过程中，我和拉克结婚了。这是我一生中做出的最棒的承诺。

© 民主与建设出版社，2024

图书在版编目（CIP）数据

选择困难时代 / (美) 皮特·戴维斯著；张晖译.
北京：民主与建设出版社，2024.9. -- ISBN 978-7
-5139-4663-6
Ⅰ. B84-49
中国国家版本馆CIP数据核字第20242TV825号

Dedicated: The Case for Commitment in an Age of Infinite Browsing
Copyright © 2021 by Pete Davis
This edition arranged with InkWell Management, LLC.
through Andrew Nurnberg Associates International Limited
中文简体版权归属于银杏树下（上海）图书有限责任公司。

著作权合同登记　图字：01-2024-3701

选择困难时代

XUANZE KUNNAN SHIDAI

著　　者	［美］皮特·戴维斯
译　　者	张　晖
出版统筹	吴兴元
责任编辑	王　颂
特约编辑	高龙柱　蔡　丹
营销推广	ONEBOOK
封面设计	墨白空间·曾艺豪
出版发行	民主与建设出版社有限责任公司
电　　话	（010）59417749　59419778
社　　址	北京市朝阳区宏泰东街远洋万和南区伍号公馆4层
邮　　编	100102
印　　刷	天津中印联印务有限公司
版　　次	2024年9月第1版
印　　次	2024年11月第1次印刷
开　　本	889毫米×1194毫米　1/32
印　　张	9.25
字　　数	179千字
书　　号	ISBN 978-7-5139-4663-6
定　　价	52.00元

注：如有印、装质量问题，请与出版社联系。